链上新经济 链上新治理

——区块链技术原理与应用

高鹏 杨鹏 赵雯静 等/编著

人民邮电出版社
北京

图书在版编目（CIP）数据

链上新经济　链上新治理 : 区块链技术原理与应用 / 高鹏等编著. -- 北京 : 人民邮电出版社, 2023.2（2024.3重印）
ISBN 978-7-115-60646-4

Ⅰ. ①链… Ⅱ. ①高… Ⅲ. ①区块链技术 Ⅳ. ①TP311.135.9

中国国家版本馆CIP数据核字(2023)第008201号

内 容 提 要

随着互联网的价值被不断挖掘，区块链的出现为互联网的价值注入了新的生命力。区块链将互联网和经济联系得更紧密。本书将从概念与背景、应用原理、新型基础设施、行业应用案例 4 个方面展开介绍：第 1～4 章重点介绍区块链的概念特点、区块链的发展历程及其分类，以及区块链常见认识误区；第 5～7 章介绍区块链技术的本质内涵、区块链在数字经济发展中的作用、区块链对国家治理现代化的助力作用；第 8～10 章介绍区块链新型基础设施，重点介绍区块链新型基础设施以及“云—网—链”融合新型基础设施；第 11～14 章通过应用案例分析对区块链价值进行全面概述，重点从“区块链+存证”“区块链+数据共享”“区块链+监管”3 个角度诠释区块链在当前环境下的作用。作者以理论和实际相结合的逻辑，对区块链的概念和价值做了一次全新的描述，利用不同的方式描绘了区块链技术在数字经济上的赋能，以及区块链在国家治理现代化中的价值贡献。

本书可以为运营商、互联网企业及与区块链相关的行业客户提供参考，也可以供对区块链技术感兴趣的读者阅读。

◆ 编　　著　高　鹏　杨　鹏　赵雯静　等
责任编辑　李彩珊
责任印制　马振武

◆ 人民邮电出版社出版发行　　北京市丰台区成寿寺路 11 号
邮编　100164　　电子邮件　315@ptpress.com.cn
网址　https://www.ptpress.com.cn
北京虎彩文化传播有限公司印刷

◆ 开本：700×1000　1/16
印张：13.25　　2023 年 2 月第 1 版
字数：257 千字　　2024 年 3 月北京第 4 次印刷

定价：119.80 元

读者服务热线：(010)81055493　印装质量热线：(010)81055316
反盗版热线：(010)81055315
广告经营许可证：京东市监广登字 20170147 号

本书编写组

高　鹏　杨　鹏　赵雯静

代　翔　郎晓夫　梁清梅

前言

互联网时代的到来彻底改变了每个人的生活，我们有幸亲历这个新的时代，感受这个时代的奇幻与美妙，这是价值互联网时代。每一次时代的飞跃发展都少不了新技术推动，人们往往只享受时代的产物，而不明白时代发展的根源。而在这种飞速发展中，真正拉开这个时代大幕的，却是曾经不为人所熟知，但是在当下却受到越来越多人关注的区块链技术，也正是在区块链技术的推动下，互联网得以高速发展，并且开始在更多空间和领域体现它的价值。

区块链虽然以技术的面目诞生，但是其所带来的，已经远远超越技术范畴，正如互联网给我们带来的一样。区块链开放、共享、去中心化的这些核心精神与互联网不谋而合。

互联网时代的来临，使得信息传输的边际成本趋于零，这已经深刻地改变了世界经济格局及每个人的生活，似乎要使经济发展的要素权重重新洗牌。这促使我们思考：当未来市场交易发生重大变化时，整个世界经济格局及社会结构将发生怎样的变化?

因此，我们必须在这之前做好准备，以应对可能发生的一切变化，因为我们正走在时代改革的前沿。

随着比特币走入大众视野，作为比特币技术支持的区块链技术开始崭露锋芒，从比特币到以太坊再到如今的超级账本、EOS（Enterprise Operation System），区块链技术也在不断发展，其强大的驱动力不禁让我们思索区块链技术还有什么样的待开发价值，以及它是否还能在未来的发展中展现其他的潜能。

最近几年，区块链从不为人知到获得越来越多人的关注，从基本社交到经济发展，它已经成为当代社会不可或缺的技术，然而，除了少数已经投入其中的公司或研究机构，大多数人对于区块链的了解还处在概念阶段，可能对其定义和一些常用术语略知一二，但对其内核价值还知之甚少。因此，我们想通过本书让更多人对区块链及其价值有更深刻的认识，如今社会数字经济高速发展，治理体系现代化程度不断加深，区块链强大的赋能应当被更多人看到。

发展与机遇并存，在时代的变革中，只有顺应时代的发展，人们才能在时代飞速发展中抓住机遇。本书专注于区块链可能释放的核心经济价值，与读者们共同探讨如何通过区块链技术构建数字经济高效治理的底层基座，指导读者迅速把握区块链技术带来的新价值。

作者

2022 年 6 月

目录

第一篇　区块链的前世今生

第二篇　区块链应用原理

第三篇 区块链新型基础设施

第四篇 区块链行业应用案例

第一篇　区块链的前世今生

第1章 揭开区块链的面纱

1.1 什么是区块链?

1.1.1 区块链简介

区块链实际上就是“区块”+“链”的结构，为了解释这个概念，我们首先假设一个场景：小明、小红、小白、小强、小花漂流到了一座荒岛上，从此以后他们5个人都只能在这座岛上生存。这个岛上资源丰富，过了不久5个人都给自己建造好了房子，平时打猎种田，互相之间也开始有了一些交易。可是出现了一个问题：有统一的“货币”做交易才方便，可是岛上没有银行，“货币”从哪里来呢？大家商量了一下，决定不用实体的“货币”，而是互相做了交易就把交易信息记在自己的账本上，并且记录自己的资产余额，仅用账本上的数字来代表各自的资产。

有一天小明向小红买了一个苹果，支付给小红5块钱，在自己的账本上写上了“向小红买了一个苹果，支付给小红5块钱”，小红收到了5块钱，却在自己的账本上写上了“卖给小明一个苹果，小明支付10块钱”。过了几天小明又向小红买一个苹果，可这次小红向小明要了10块钱，小明很疑惑，质问小红为何苹果一下贵了这么多。小红拿出自己的账本，向小明展示上次也是卖的10块钱。小明不服，拿出自己的账本和小红一起找其他3个人评理。大家商量了一下，发现当前的记账方式不合理，总会有不诚实的人捣乱，于是决定在一个显眼的位置设立一个记账处，每一笔交易都记在一本公开的账本上，所有的交易大家都能看到。中心式的记账模式如图1-1所示。

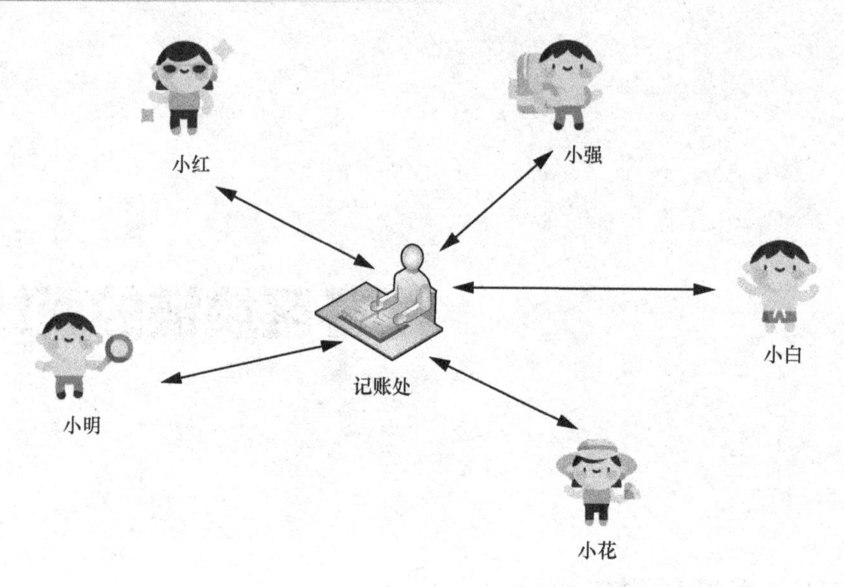

图 1-1 中心式的记账模式

可是只记在一个账本上，万一有人在天黑的时候偷偷过来篡改了交易信息怎么办？于时大家决定，每个人都抄写一份公开的账本带回自己家保存，这样想篡改交易信息就要篡改 3 个或 3 个以上的账本，这是比较困难的。对于每天新写的账本页，大家在抄到自己的账本上之前，首先需要对照新一页上的所有交易是否和当前每个人的资产余额相冲突，如果支付了超过自己余额的钱，那么这个交易就是非法的，在这种情况下，就要把这个交易标记为非法交易。如果所有交易都合法，就把新的账本页抄下来，并且写上日期。

后来问题又出现了，谁来在公开的账本上记账呢？小强自告奋勇，每天坐在记账处记录大家的交易信息。为了方便，只要进行了交易，交易双方就用广播播出交易信息，这个广播所有人都能听到，在记账处的小强听到了信息就把它记录在账本上。可是这样小强就没有时间自己赚钱了，于是大家商议，在账本上记录一个交易，就支付一定的手续费给小强，并且小强每写一页账本就会获得一定的金钱奖励。久而久之大家发现，账本中小强的余额越来越多，原来记账所带来的收入很多，于是大家开始争夺记账权。小明提议，大家每次掷 3 个骰子，谁的点数大谁就会获得当天的记账权。其他人觉得这个方式比较合理，于是大家达成共识，每天通过掷骰子的方式决定记账权。

小花和小白家离得比较近，小白觉得自己在家劳作辛苦，每天还要跑到记账处去抄一份账本，而且实际上大家的账本都是一样的，于时小白决定向小花借账本抄一份。后来大家也觉得这种方法比较省事，于是都向离自己比较近的人借账本来抄，形成了分布式的互相借阅账本的记账模式，如图 1-2 所示。

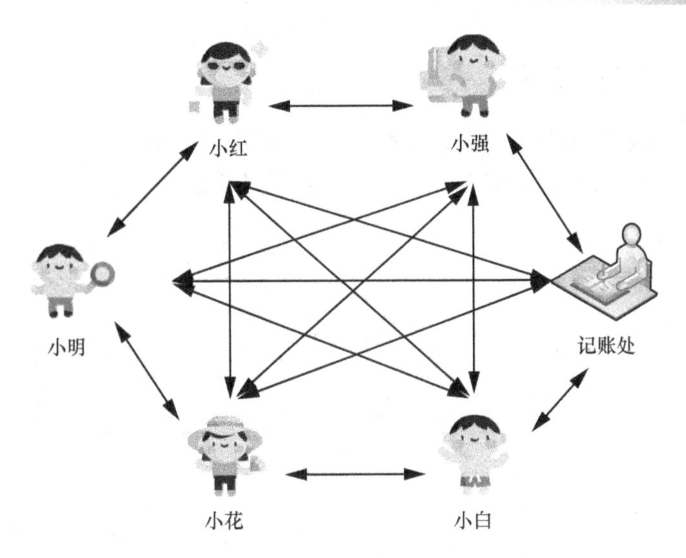

图 1-2 分布式的互相借阅账本的记账模式

其实区块链中的“区块”就是一页一页的账本页，而将账本页按时间顺序连接起来的就是“链”，账本结构如图 1-3 所示。每一个账本页之间的时间间隔就是“出块时间”，这个值是可以调整的，可以是 1 天，也可以是 1min。上述例子中只有 5 个人，也就是 5 个节点，因为每个人都有一份相同的账本，所以节点越多，账本数据就越难被篡改。大家通过掷骰子来决定记账人的方式就是一种简单的共识机制。而互相借阅账本来抄，其实就是一种点对点的信息传输，人数一旦增多，这种点对点的信息传输方式就会成为常态，大家不需要从某个特定的数据中心获取信息，也就是说区块链具有“去中心化”的特点。

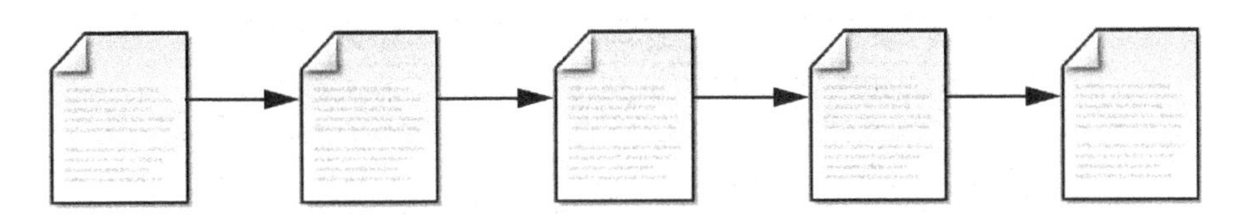

图 1-3 账本结构

也许有人会问，在这种点对点的信息传输过程中，如果有恶意节点传输错误信息，最终会不会导致大部分节点收到的信息是错误的？这其实就是著名的“拜占庭将军问题”，这个问题的结论是：如果恶意节点的数量小于节点总数的 1/3，就可以找到一种方法使全网节点最终对正确的信息达成共识。在上述例子中，只要 5 个人里有 3 个人是诚实的，就有办法保证账本中所有交易的真实性。

因此区块链可以简单总结为一个多方维护、公开透明、难以篡改、可点对点传输的账本结构。

1.1.2　区块链体系结构

区块链体系结构可分为5层：数据层、网络层、共识层、合约层、应用层，如图1-4所示，下面主要介绍数据层、网络层以及共识层。

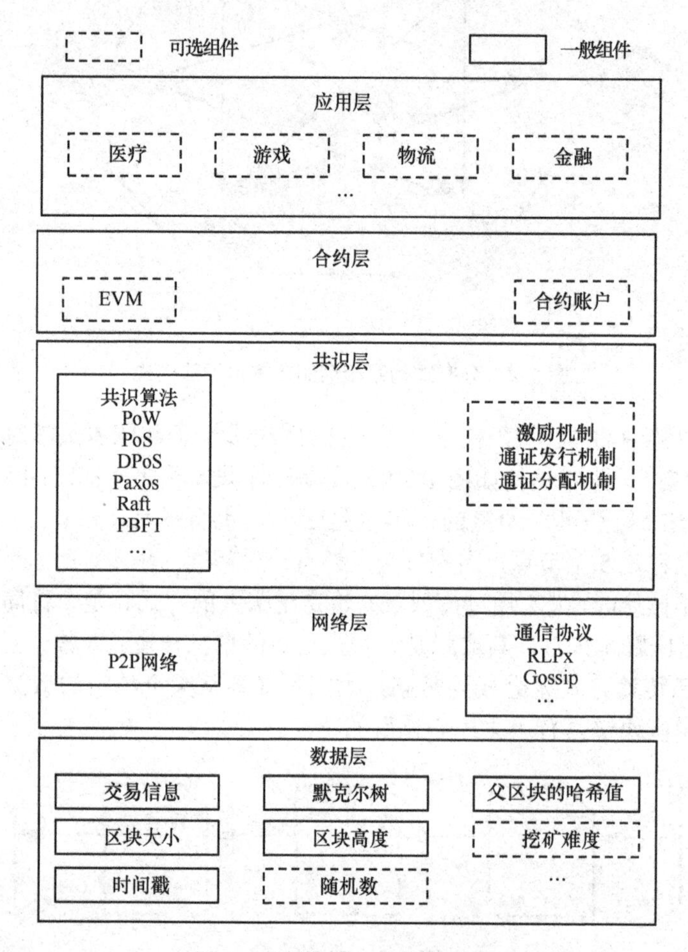

图1-4　区块链5层体系结构

1. 数据层

区块链是“区块”+“链”的结构，区块分为区块头和区块体，区块头中包含了当前的版本号、前一个区块的哈希值、时间戳、默克尔根（Merkle Root）等信息，区块体则记录了当前区块中包含的所有交易信息。比特币系统中的节点分为两种，一种是保存了全部区块链数据的全节点，另一种是只保存了区块头数据的轻节点。

默克尔树（Merkle Tree）是存储交易数据的树状数据结构，根据不同的需求可以是二叉树也可以是多叉树。采用这种存储方式的好处是极大地提高了区块链运行时的查询效率，节省了区块空间。

默克尔树的结构如图 1-5 所示，将不同的交易数据取哈希作为叶子节点，将相邻的哈希值结合再取哈希生成中间节点，逐层向上最终得到一个根哈希值，这个根哈希值保存在区块头中。其中 Tx1、Tx2 等代表不同的交易，Hash 表示对 Tx1 取哈希值，Hash12 表示对 Hash1 和 Hash2 共同取哈希值，同理 Hash1234 表示对 Hash12 和 Hash34 共同取哈希值，以此类推。

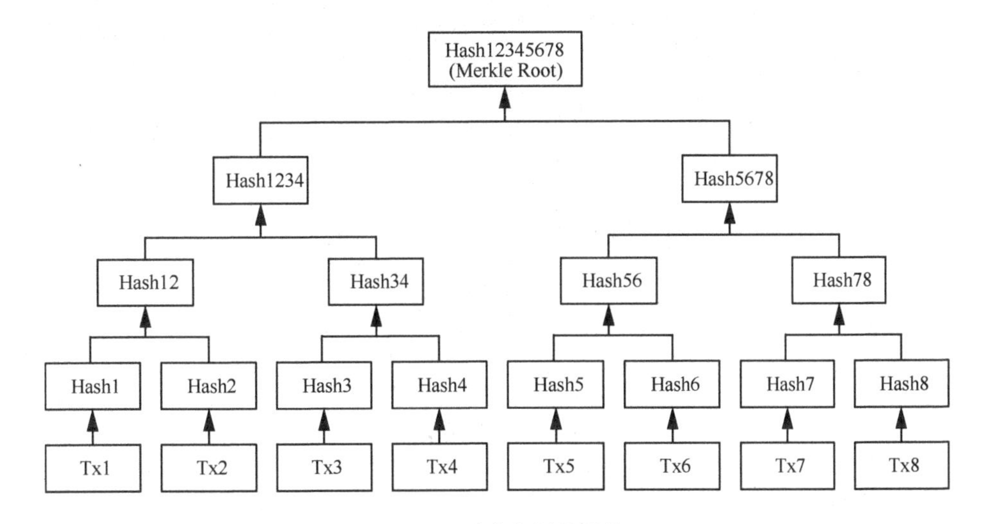

图 1-5 默克尔树的结构

默克尔树的根节点被称作默克尔根，默克尔根存储在区块头中，可以视作交易信息的归纳，从默克尔树的结构可看出，无论哪个交易信息被篡改都会造成多米诺骨牌效应，导致默克尔根发生变化。例如，交易 Tx6 被篡改，则 Hash6 就会发生变化，进而 Hash56 也会发生变化，同理 Hash5678 和根哈希值都会发生变化，而根哈希值保存在区块头中由全网节点维护，因此在交易信息写入区块链中之后，几乎是不可能被篡改的。

默克尔树还可以提供默克尔证明（Merkle Proof），默克尔证明通过只提供默克尔树的一条分支来证明某一笔交易确实存在于区块链中。例如，A 和 B 做了一笔交易，A 想要知道 B 是否已经转了一笔钱给自己，A 只是轻节点，没有保存默克尔树，自己没有办法查询交易，此时 A 只能向网络中的全节点发出请求。假如，A 和 B 的交易是 Tx4，则全节点只需提供 Tx4、Hash4、Hash3、Hash34、Hash12、Hash1234、Hash5678 的数据给 A，A 通过全节点提供的哈希值可以计算出最终的根哈希值，只要计算出的根哈希值和自己作为轻节点所维护的对应区块中的根哈希值相同，则证明 Tx4 这笔交易确实已经写进了区块链中。

区块头中存储的父区块哈希值保证了区块链难以篡改的链式结构；版本号表示

当前区块所使用的区块链版本；时间戳表示该区块的发布时间；区块高度表示当前是第几个区块；区块大小表示该区块所占的空间大小。采用工作量证明的区块链系统中，区块头可能还包含随机数等数据。区块的一般结构如图 1-6 所示。

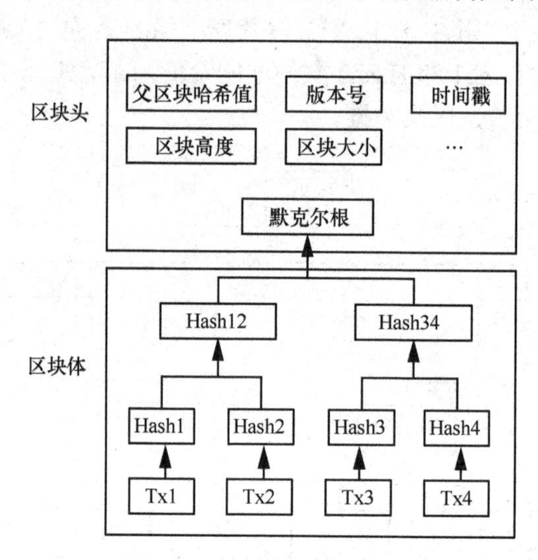

图 1-6 区块的一般结构

2. 网络层

区块链的网络层实现了区块链更新信息的有效传播和信息同步。由于区块链是去中心化的系统，因此区块链系统一般采用对等网络（Peer-to-Peer，P2P）。在 P2P 中每个节点既可以是服务器，也可以是客户端，节点可能随时加入或者退出从而改变网络的拓扑结构。不同区块链系统中使用的网络协议也不同，如以太坊中使用 RLPx 协议，一些联盟链中使用 Gossip 协议。

以比特币网络的协议为例，比特币网络按照如下步骤运行。

步骤 1 将新交易广播到所有节点。

步骤 2 每个节点收集新的交易并打包到一个区块中。

步骤 3 每个节点为其区块寻找一个困难的工作量证明（Proof of Work，PoW）。

步骤 4 如果一个节点发现了一个工作量证明，它将该区块广播给所有节点。

步骤 5 只有当区块中的所有交易都有效且未被使用时，节点才会接受该区块。

步骤 6 节点通过在本地区块链副本中创建下一个区块来表示它们接受该区块，并使用已接受区块的哈希值作为前一个区块的哈希值继续寻找新的工作量证明。

3. 共识层

由于区块链可以看作一个公开透明的账本，任何人都有权利写入数据，但是在缺乏第三方信任机构的情况下，究竟由谁来写入数据呢？共识机制决定了谁有往账本中写入数据的权利，并且保证添加内容的正确性以及所有人手中账本副本的一致性，目的是要维护区块链网络的安全运行。共识层包含了区块链系统中所用的共识机制，区块链中的主流共识机制有工作量证明、权益证明（Proof of Stake，PoS）、委托权益证明（Delegated Proof of Stake，DPoS）等。

为了维护区块链的安全运行，系统中的节点通常要付出一定的经济成本，为了鼓励节点积极参与维护区块链网络，开发者通常会设计一套奖励机制。例如，在 PoW 共识机制中，节点耗费大量算力获得记账权，在产生区块的同时会获得一定的代币作为出块奖励。

目前区块链存在“不可能三角”的技术瓶颈，即无论采取哪种共识机制，目前都很难同时做到既能很好地去中心化，又有良好的系统安全性，还有很高的可扩展性，很多时候只能根据具体的场景，选择牺牲一种性能去换取另外两种高性能。例如，PoW 共识机制就是牺牲了可扩展性，换取了较高的安全性和去中心化；DPoS 牺牲了去中心化，换取了较高的可扩展性；联盟链、私有链本身就具有一定中心化的特点，因此采用的共识机制相当于牺牲了去中心化而换取了扩展性与安全性。但是“不可能三角”并没有像分布式系统中的“CAP 原理”一样得到充分的理论证明，这只是一个经验之谈。虽然也有些研究者声称破解了区块链中的“不可能三角”，但实际效果如何还需要经过时间的检验。

1.2　区块链有什么特点?

1. 去中心化

去中心化是区块链的一个非常重要的特点。区块链的数据分布式地存储在多个节点中，不存在某个中心化的服务器，且每个节点都有向区块链中写入数据的能力，且每个节点都有义务维护区块链系统的安全。比特币、以太坊等公有链就是一种高度去中心化的系统。而目前多数区块链应用以联盟链为基础结构，联盟链系统具有好监管、可追踪等特点，但这是一种弱中心化的系统。

2. 公开透明

在区块链系统中，每个全节点都有账本数据的备份。轻节点不保存数据，但是可以向区块链网络发出请求，从全节点的账本中查询数据，因此区块链中的数据是公开透明的。在多方合作的场景下，区块链数据公开透明的特点有助于打通数据壁垒，实现数据共享。不过数据公开透明的特性也产生了用户的隐私问题，目前区块链中的隐私保护也是一个热门的研究领域。比特币具有很好的匿名性，虽然交易数据被清楚地记录在链上，但我们很难将这些交易与某个现实的实体联系起来。零钞（zerocash）使用一种被称为 zk-SNARKS 的零知识证明技术，既实现了匿名性，又隐藏了用户信息。

3. 匿名性

区块链中的数据是所有节点都可见的，但用户是匿名的。所有节点都可以查到某个用户的交易记录，但用户在区块链中的身份往往被称为“地址”，是一长串无序的字符串，别人很难将“地址”与现实世界中某个人的真实身份联系起来。

但这也是目前各国政府比较担心的。区块链身份的匿名性，导致不知道某笔交易由哪个人或组织发起，为非法交易提供了便利。因此如何既对区块链实行有效监管又能保护用户的隐私，是一个需要继续探讨的问题。

4. 数据难以篡改

区块链数据的上链过程采用密码学原理，且所有区块按照时间顺序相连，通常篡改区块链中的账本需要付出很大的代价，这就意味着一旦数据被写到链上，任何人都无法轻易地更改数据信息。

区块链中的数据是难以篡改的，在比特币、以太坊等以工作量证明为基础的公有链中，除非有人能控制系统中51%的算力，否则几乎不可能篡改区块链中的数据。而在许多联盟链的场景中，有写账本权利的节点在加入网络前都受到严格的身份认证，也就是说这些全节点本身的信任度就比较高，因此可以信任它们不会篡改数据，但同时这也在一定程度上牺牲了去中心化。

5. 开放性

区块链网络中需要多方节点共同维护网络数据的安全，这就要求区块链网络必须是开放的网络，这样才可以保证多数人都能参与进来。

一般区块链按开放程度分为公有链、私有链和联盟链3种，其中公有链又称为“许可链”，私有链和联盟链又被称为“非许可链”。许可链是网络中所有节点都可以作为全节点维护账本安全的区块链，其开放性最高；非许可链中全节点一般要经过身份认证才能加入区块链网络中，开放性较低。

1.3 什么是智能合约？

1995年Nick Szabo提出了智能合约的概念，智能合约本质上是一套预先编好的计算机代码，代码中定义了合约的规则，只要触发一定的条件，合约就可以自动执行。由于只能完成一些简单的逻辑，智能合约技术诞生之后并没有引起广泛的关注。直到以太坊的创始人Vitalik Buterin将区块链与智能合约巧妙地结合起来，开发出了以太坊，使区块链的应用范围得到扩展，同时也使智能合约技术发挥出真正的作用，区块链技术也因此进入2.0时代。

以以太坊中的智能合约为例，以太坊中的账户类型分为外部账户和合约账户，外部账户就是参与到以太坊网络中的用户的账户，合约账户则保存了智能合约的代码、存储等信息，用户需要调用合约账户中的合约代码，才能通过智能合约发起交易。以太坊智能合约在以太坊虚拟机（Ethereum Virtual Machine，EVM）中执行，节点在将交易打包进区块时，要根据交易中具体执行的合约操作来收取一定的汽油费（Gas）。汽油费既是给节点的奖励，也是防止恶意节点重复调用合约、滥用网络资源的重要手段。

区块链的智能合约可以为用户提供可信、安全、方便快捷的区块链应用，并且被大量应用在能源交易、供应链物流、多组织间数据共享等场景。区块链技术与人工智能、物联网、大数据等新兴热门技术的结合，也具有相当广阔的应用前景。

1.4　什么是共识机制？

共识机制是区块链技术的基础和核心模块，它决定了区块链中的节点以何种方式对特定数据达成一致。由于区块链系统是没有第三方监管机构的去中心化系统，每个全节点都要在本地保留一份区块链的副本，因此对于新区块的产生，所有全节点都应该将其添加到自己本地的区块链副本中，保证全网信息的一致。在区块链系统中，节点之间网络通信可能会出现时延、信息传输错误等问题，而节点本身也可能出现是恶意节点或者宕机等故障。区块链的共识机制就是在上述问题可能发生的情况下，使节点状态达成一致的手段。

1.4.1　工作量证明

工作量证明的概念最早由Cynthia Dwork和Moni Naor在1993年提出。Adam Back在2002年发表论文，提出了hashcash系统，对工作量证明做出了改进，利用哈希函数实现工作量证明，即找到哈希函数原像才能完成工作量证明。当时工作量证明的主要用途是过滤垃圾邮件。随着比特币的诞生，区块链技术开始进入人们的视野，比特币中所用到的工作量证明也成为目前区块链技术中最主流的共识机制之一。

工作量证明的核心思想是，要求用户进行复杂的运算，运算过程耗时，但运算结果容易验证，用耗费的时间、能源等资源作为担保成本，确保服务和资源可以被有效利用。以比特币中的工作量证明机制为例，比特币系统中使用SHA-256哈希函数，无论输入是多少，该函数都会输出一个256位的哈希值。节点需要找到一个随机数（nonce），将该nonce输入SHA-256函数中得到的输出H（nonce）应小于系统中给定的目标（target）阈值。这个不断尝试、寻找合法nonce值的过程就是寻找工作量证明的过程，成功找到合法的工作量证明就会获得奖励。这个过程就好比掷 2 个骰子，掷出来的点数和小于 3 的难度要比点数小于 10 的难度大，而要想满足要求就只能不停地掷骰子得到随机点数，直到掷出来的点数符合要求。nonce 与 target 的关系如图 1-7 所示。

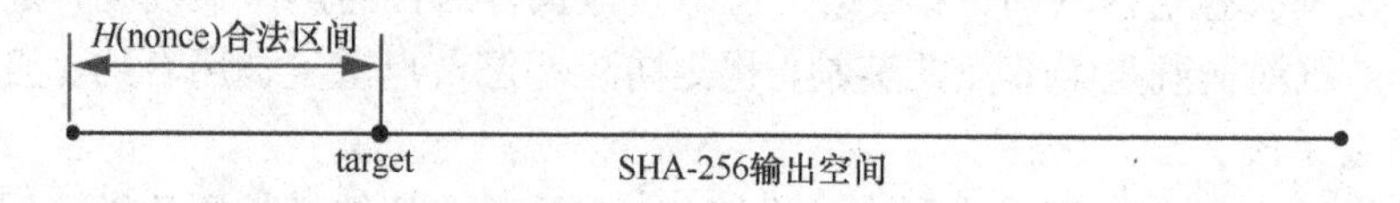

图 1-7　nonce 与 target 的关系

SHA-256 的输出空间足够均匀，可认为每个 nonce 进行哈希运算后都有相同的概率落在合法区间内，因此寻找工作量证明过程没有捷径，只有通过消耗大量算力才能找到符合要求的 nonce。从图 1-7 中可看出，target 设置得越小，寻找工作量证明的难度就越大；而参与寻找工作量证明的节点越多，系统中的总算力就越强，区块也就越容易产生。因此比特币通过动态调整 target 来调整出块时间，使出块时间稳定在 10min 左右。

节点生成区块后即可得到一定数量的比特币作为区块奖励，同时有权利将交易信息写进区块，也就是获得了“记账权”。节点打包好交易后将它产生的区块广播给其他所有节点，其他节点收到新的区块后，先验证区块的合法性，确定是合法区块后，将新区块添加到自己本地的区块链部分中，再重新开始计算符合下一个区块难度要求的 nonce，即所有人再一次回到同一起跑线上。

假如有 2 个节点同时生成了合法区块，并发布到网上，这时就出现了“分叉”，如图 1-8 所示。针对这种情况，全网节点有一套公认的原则，即最长合法链原则，在分叉的情况发生时，节点只接受较长的那一个分支，并沿着这条分支继续寻找工作量证明，节点在验证交易的时候也只会验证最长合法链上包含的交易。

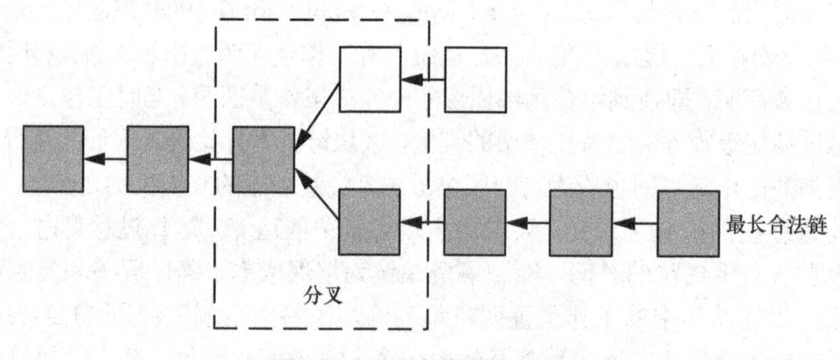

图 1-8　分叉与最长合法链

寻找工作量证明过程需要付出硬件、电力和维护设备等经济成本，PoW 是一个相当耗费资源的共识机制，也正是因为这样，恶意节点对比特币系统发动攻击要付出高昂的成本。

实用拜占庭容错（Practical Byzantine Fault Tolerance，PBFT）算法中恶意节点的数量要超过系统中节点总数的 1/3 才会对系统造成威胁。在比特币所采用的 PoW 共识机制中，节点发动恶意攻击能否成功与节点数量无关，而是由节点算力占系统中总算力的多少来决定，因此天然具有抵抗女巫攻击的能力。节点算力占总算力的比例可以理解为生成新区块的概率，假如有人得到了系统中 51%以上的算力，那么他生成区块的概率就比其他所有节点产生区块的概率都要高，只要他沿着一条链寻找工作量证明，那这条链最终一定会变成最长合法链，最终控制整个比特币系统。这种攻击可以成功的前提，就是黑客必须掌握足够多的算力，只要比特币系统中的算力足够分散，这种攻击几乎是不可能成功的。参与者越多，算力就越分散，想要占据 51%以上的算力就越困难。

1.4.2　权益证明

2011 年，Quantum Mechanic 在 Bitcointalk 论坛提出了权益证明的概念。2012 年 8 月 19 日 Sunny King 和 Scott Nadal 发表点点币（Peercoin，PPC）白皮书，采用了 PoW 与 PoS 的混合机制。PoS 的主要思想是重新分配权重，权重越大，获得记账权的概率就越大。PoS 共识机制避免了 PoW 中的资源浪费，因此受到广泛关注。

权益证明通过选举的方式选择下一个记账节点，节点是否会被选为记账节点与其本身的计算能力无关，而与其所占的权益大小有关，不同的区块链系统对权益的定义也不同。

在 PoW 机制中，恶意节点想要发动攻击，就要想办法拥有整个系统中至少 51%的算力，而在 PoS 机制中，发动攻击的过程通常比收集到足够算力更加困难。

PoS 机制中面临的重要问题是如何解决“无利害攻击”（Nothing-at-Stake，N@S）。在 PoW 机制中，当系统中出现分叉时，节点就要选择在哪个分支寻找工作量证明，如果自己的那条最终没有成为最长合法链，就白白浪费了算力。而在 PoS 机制中，在缺少惩罚措施的情况下，节点面对分叉可以将自己的权益分散在不同的分支上，这样无论最终哪个分支胜出，节点都不会有经济损失。

以太坊的开发者一直在研究如何实现从 PoW 到 PoS 的转型，以太坊中正在研究的 PoS 共识机制项目是 Casper。Casper 不是一个单独的项目，它包括 Casper FFG（Friendly Finality Gadget）和 Casper CBC（Correct-by-Construction）两部分。Casper 协议中引入验证者和一个提议机制。提议机制最好能做到区块一个接一个被提出，也就是尽量避免分叉的产生。但在网络延迟或者恶意攻击的情况下，很难避免分叉的发生。Casper 协议引入验证者和惩罚机制，节点被选为验证者后要提交一定的保证金，然后通过投票决定哪条分支是合法链，并确定系统的最终状态。若验证者有恶意行为，其保证金将被没收。从 PoW 到 PoS 共识机制的转变是一个浩大的工程，以太坊至今还没有完成这一工作。

1.4.3 委托权益证明

委托权益证明由 Daniel Larimer 于 2014 年提出。DPoS 最大的特色在于节点要投票选举出若干代理人，由这些轮流代理人进行验证和记账的工作。在选举阶段，持币者通过投票的方式选出代理人节点，代理人节点通过产生区块，可以获得一定的收益。如果一个代理人节点在规定的时间内没有产生区块，那他将不会得到报酬，并且在下一轮选举中很可能落选。这就相当于董事会决策，即每个股东节点可以将其持有的股份作为选票授予一个代理人，获得票数最多且愿意成为代表的 N 个人进入董事会，由代理节点按照既定的时间表轮流进行区块的产生和验证，该机制下，没有消耗算力的寻找工作量证明过程。著名的比特股（Bitshares）以及柚子币（Enterprise Operating System，EOS）等区块链系统使用的都是 DPoS 共识机制。

以 EOS 为例，EOS 架构中以 21 个区块为一个周期，在每个出块周期开始时，先投票选出 21 个超级节点，前 20 个节点首先自动选出，第 21 个出块者按照所得票数对应的概率选出。出块者会根据从区块数据中取得的时间导出的伪随机数进行混合，用来得到随机的出块顺序，这是为了让出块者之间保持均衡的连通性。如果出块者在轮到他时没有产生区块，且在 24h 内依旧没产生区块，则这个出块者将被删除，从而保证网络的顺利运行。DPoS 的轮流出块过程如图 1-9 所示，其中 B 为恶意节点，按照 A-B-C-D 的出块顺序且出块时间固定，多数的诚实节点总会比少数恶意节点产生的链更长。

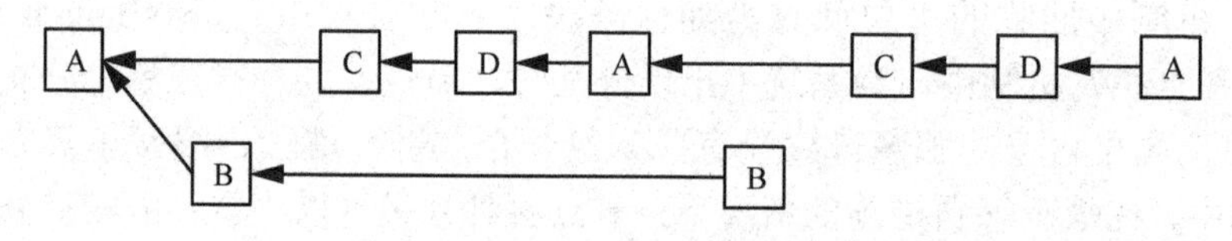

图 1-9 DPoS 的轮流出块过程

DPoS 共识机制中，出块者一般是 100%在线的，EOS 的平均出块时间为 3s，远远小于以 PoW 为共识机制的区块链系统的出块时间。但与 PoW 和 PoS 相比，DPoS 的出块节点的数量较少，大多数人认为 DPoS 以牺牲部分去中心化程度而换取出块效率的共识机制。也有人认为，这种选举出块节点的方式更像现实生活中的民主投票，更加符合去中心化的理念。

1.5　什么是哈希算法?

1.5.1　哈希函数

哈希（Hash）运算能够将任意长度的输入映射为固定长度的输出，而且只要输入发生一点变化，就会得到一个完全不同的输出结果。区块链中的难以篡改性也是基于哈希函数来实现的。以哈希函数 SHA-256 为例：

将“helloblockchain”作为输入，输出为：

“61a6c5152d520db2f7037cace9a4bf673e650fe84e6e40f23ccf15316fbec91c”。

将“hello blockchain”作为输入，输出为：

“cf55026ba78c889dbdaf0c32701cdb4d662f3d3ea4460110d3ed2edd0d753e72”。

虽然只是在输入中添加一个空格，但从输出来看则完全不同。

SHA-256 函数输出的长度是 64 个字符，每个字符 4 位，总计是 256 位。无论输入是什么，输出总是 256 位字符串，这对于占用存储空间较大的输入数据来说，进行一次哈希运算相当于进行了一次数据压缩。由于哈希函数的输出位数固定，因此其输出空间也是有限的。SHA-256 的输出是 256 位，一共有 2^{256} 种输出，而输入空间则是无限的，因此一定会有几个不同的输入通过哈希运算得到相同的输出，这种现象就是哈希碰撞（Hash Collision）。一个好的哈希函数应具有如下性质。

1. 单向不可逆

哈希函数应做到正向计算速度快，同时无法从输出的哈希值逆推出输入的明文。

2. 抗碰撞性（Collision Resistance）

虽然哈希碰撞一定会存在，但是一个好的哈希函数应尽量避免哈希碰撞的发生，并且很难人为制造哈希碰撞。

例如，一个哈希函数 $H(x)$，输入明文 a，输出 $H(a)$，若想从 $H(a)$ 逆推出 a，唯一的办法就是通过蛮力求解，遍历输入空间中所有可能的输入，直到找出一个输入 b，通过哈希运算得出 $H(b)=H(a)$，在不考虑哈希碰撞的情况下可得出 $b=a$。然而好的哈希函数要做到输入分布均匀，即所有输入的可能性都是相同的，在输出空间很大的情况下，这个求解过程通常非常耗时，甚至是不可行的。

区块链中的非对称加密、数字签名等技术都运用到了哈希算法，下面简单介绍一下非对称加密和数字签名技术。

1.5.2　非对称加密技术

在了解非对称加密技术之前，先要了解一下对称加密技术。对称加密算法，即加密与解密用的是同一个密钥，在只有通信双方拥有这个密钥的情况下，通信内容在通信过程中是安全的。可问题在于最开始双方中的一方需要把密钥发送给另一方，而一旦这个密钥在通信过程中泄露，双方之间通信就不再有秘密可言。

而非对称加密技术用的一对公私钥，公钥是公开的，私钥是由自己持有不能公开的，公钥用来加密，私钥用来解密，因此公钥和私钥具有唯一的对应关系。

例如，A 要和 B 通信，就要先用 B 的公钥对信息进行加密，B 收到信息后再用自己的私钥进行解密，这个过程不涉及 B 的私钥在网络中传播，因此只要 B 在本地保存好自己的私钥，不让其泄露，就可以保证这种通信是安全可靠的。

区块链中的非对称加密技术主要是用来进行数字签名的，例如比特币中用的就是椭圆曲线数字签名算法（Elliptic Curve Digital Signature Algorithm，ECDSA）。

1.5.3　数字签名技术

通常情况下，一个人会在一份文件的末尾签上自己的名字来表示对这份文件内容的认可。数字签名是基于非对称加密技术和哈希算法的应用，可以用来证实内容的完整性以及进行发送者的身份认证，一套数字签名通常定义两种互补的运算，一个用于签名，另一个用于验证，一次签名相当于一次加密操作。

随着信息技术的快速发展，数字签名技术的应用也变得越来越广泛。例如，A 要和 B 通信，A 向 B 发送一条信息 m1，可是 B 如何确定他看到的 m1 就是 A 发送的原始版本 m1？A 可以将 m1 取哈希值得到 *H*（m1），接着将 *H*（m1）用自己的私钥签名（加密），再将签名后的 *H*（m1）和 m1 一起发送给 B。消息传输过程中 m1 有可能被篡改，因此将 B 收到的信息记为 m2。B 收到 m2 和带有 A 的数字签名的 *H*（m1），首先用 A 的公钥来解密签名得到 *H*（m1），因为 *H*（m1）是用 A 的私钥签名的，因此不用担心被篡改。再将收到的 m2 进行同样的哈希运算得到 *H*（m2），假如 *H*（m2）=*H*（m1）则可以证明，m1 在传输途中没有被篡改。

上述是普通的数字签名应用场景，由于某些应用场景很复杂，对数字签名的要求也很高，产生了很多针对特殊场景的数字签名技术，如盲签名（Blind Signature）、群签名（Group Signature）、环签名（Ring Signature）、多重签名（Multiple Signature）等。

1. 盲签名

1982 年 David Chaum 提出盲签名的概念。盲签名的机制要求签名人在不知道消息具体内容的情况下对消息进行签名，签名者对其所签署的消息是不可见的，且签名消息不可追踪。例如，一个简单的投票场景，一共 11 人，10 个人投票，1 个人作为公证人监督投票过程。10 人将投票内容放进信封，公证人在信封上签名，但是公证人看不到具体的投票信息，签名只是保证投票过程是合法的。上述例子中公证人就相当于进行了一次盲签名，如果公证人在多个场景中进行了盲签名，他也不会知道公布的消息是他哪一次盲签的。典型的盲签名技术包括 RAS 盲签名算法等。

2. 群签名

群签名的概念由 David Chaum 和 Eugene van Heyst 在 1991 年提出。群签名的机制是要求多个签名人组成一个群组，群组中的任意一个成员都可以代表整个群组进行匿名签名，匿名则表示验证签名的人无法判断具体是群组中的哪一个人进行了签名。群签名中需要一个群管理者来进行添加新成员的操作。在需要隐私保护的应用场景中可以考虑用群签名技术。随着应用场景的变化，群签名技术还有很多变体，如可追踪群签名（Traceable Group Signature），允许授权方追踪某个成员的签名而不暴露其他成员的身份信息及其生成的签名。

3. 环签名

环签名由 R. Rivest、A. Shamir 和 Y. Tauman 在 2001 年提出，相当于一种简化的群签名。签名者先自己选定一个签名者集合，集合中包含多个人的公钥，而这些公钥的拥有者可能并不知道自己的公钥在该集合中。然后签名者用自己的公钥、私钥和其他人的公钥产生一个签名 S，验证者通过消息和环签名 S 就可以验证签名是否由环中成员所签。在环签名机制中没有管理员，这也意味着环签名比群签名更加具有隐私保护性。

4. 多重签名

多重签名由 K. Itakura 和 K. Nakamura 在 1983 年提出。多重签名要求多个签名者对一个消息签名，若总共有 n 个签名者，只要收集到 m 个签名（$n \geqslant m \geqslant 1$）即可认为签名是合法的，$m$ 代表合法签名所需要的最少签名者个数。多重签名可应用于需要多方签名的应用场景中。与多重签名相关的还有聚合签名（Aggregate Signature）技术[1]，聚合签名可以将多个签名压缩为一个签名。

第2章 区块链的发展历程

2.1 拜占庭将军问题

2.1.1 拜占庭将军问题简述

拜占庭将军问题（Byzantine Failures Problem）是由 Leslie Lamport 和其他两人针对点对点通信在 1982 年提出的一个基本问题。

问题描述为：在古代东罗马的首都，由于地域宽广，守卫边境的多个将军（系统中的多个节点）需要通过信使来传递消息，达成某些一致的决定。但由于将军中可能存在叛徒（系统中节点出错），这些叛徒将努力向不同的将军发送不同的消息，试图干扰一致性的达成。拜占庭问题即在此情况下，如何让忠诚的将军们能达成行动的一致。

例如，10 个将军共同去攻打一座城堡，只有一半以上也就是至少要 6 个将军一起进攻，才可能攻破。但是，这中间有可能存在未知叛徒，有可能造成真正进攻的军队数量少于或等于 5，致使进攻失败而遭受灭亡。那么如何相互通信，才能确保有 6 个将军的进攻命令，从而使军队一致进攻而成功，或者确保少于 6 个将军的进攻命令，从而使军队一致不进攻避免被灭掉？也就是说，要么一半以上同意一起进攻而决定进攻，要么不到一半同意一起进攻而决定不进攻，但要避免说进攻但命令却是不进攻，使哪些进攻军队数少于或等于一半，造成进攻者被灭。这种情况并不考虑进攻的命令是否准确有效，单纯就各位将军的命令在何种情况下能够确保一致。

拜占庭将军问题可以简化为，所有忠诚的将军能够相互间知晓对方的真实意图，并最终做出一致行动。而形式化的要求就是一致性和正确性。兰伯特对拜占庭将军问题的研究结论是，如果叛徒的数量大于或等于 1/3，拜占庭问题不可解；如果叛徒个数小于将军总数的 1/3，在通信信道可靠的情况下，通过口头协议，可以构造满足一致性和正确性的解决方法，将军们能够做出正确决定。

口头协议指的是将军们通过口头消息传递达到一致。隐藏条件是：每则消息都能够被正确传递，信息接收方确定信息的发送方，缺少的信息部分已知。

将此问题一般化，假设系统中节点总数为 n，恶意节点的数量为 f，在通信信道可靠的情况下，只要满足 $n \geqslant 3f+1$，系统就可以达成满足一致性和正确性的共识。如果一个系统在存在少量的拜占庭错误节点的情况下，仍可以达成共识，那么这个系统就是拜占庭容错的。

2.1.2　拜占庭容错（BFT）算法与实用拜占庭容错（PBFT）算法

拜占庭容错（Byzantine Fault Tolerance，BFT）算法旨在解决在通信可靠但存在恶意节点的情况下如何达成共识的问题。但是长期以来，很多学者提出的算法都存在复杂度较高、效率低的问题，很难在实际中应用。直到 Miguel Castro 和 Barbara Liskov 于 1999 年提出实用拜占庭容错（Practical Byzantine Fault Tolerance，PBFT）算法，首次将拜占庭容错算法的复杂度从指数级降到了多项式级。PBFT 算法要求在节点总数为 n 时，拜占庭错误节点的数量不能超过 $n/3$，也就是说当 $n \geqslant 3f+1$ 时，该算法能确保系统达成一致。

PBFT 算法利用 RAS 签名算法、消息验证编码等技术，保证了消息在传递过程中难以被篡改。PBFT 算法将节点分为主节点和备份节点两种，算法可分为视图轮换和共识过程两个阶段。

在视图轮换阶段中，首先用轮换或随机的方法选用一个主节点，其余节点均为备份节点。主节点负责从客户端接收请求并广播给其他的备份节点，当主节点出错时就启用视图轮换过程重新选择主节点。只要主节点不变，当前主节点和其余备份节点就称作一个视图。

PBFT 的共识阶段分为请求（request）、预准备（pre-prepare）、准备（prepare）、确认（commit）、回复（reply）5 个阶段，假设拜占庭故障节点数为 f，共识过程可描述如下。

1）请求：客户端向主节点发送格式为<request, operation, timestamp, client>的请求，内容包括请求、操作、时间戳、客户端。

2）预准备：主节点将客户端的请求进行编号，然后将预准备消息广播给所有备份节点，预准备消息格式为<<pre-prepare, view, *n*, digest>,message>，其中 view

表示视图编号；*n* 为主节点给请求的编号；digest 为请求消息的摘要，由请求消息取哈希值后得到；message 为客户端发出的请求。

3）准备：备份节点收到预准备消息后，要先检查消息的合法性。首先客户端请求和预准备消息的签名要合法，digest 和 message 的哈希值要一致，视图编号和当前视图编号要相同等。

检查通过后，再向其他所有节点发送准备消息<prepare, view, *n*, digest, id>，其中 id 为发送消息的节点身份信息。

4）确认：若所有节点在准备阶段收到至少 $2f+1$ 个相同的请求，则将其组成准备凭证（Prepared Certificate），进入确认阶段，生成确认请求<commit, view, *n*, digest, id>，并广播确认请求。

5）回复：所有节点在确认阶段收到至少 $2f+1$ 相同请求后，将其组成确认凭证（Committed Certificate），证明消息 *m* 完成最终确认，并执行客户端的请求，执行完成后对客户端进行回复。客户端若收到至少 $f+1$ 个不同节点回复的相同结果，就将此结果作为最终结果。

共识过程如图 2-1 所示，其中 Client 为客户端，N0 为主节点，N1、N2 为正常的备份节点，N3 为恶意节点。

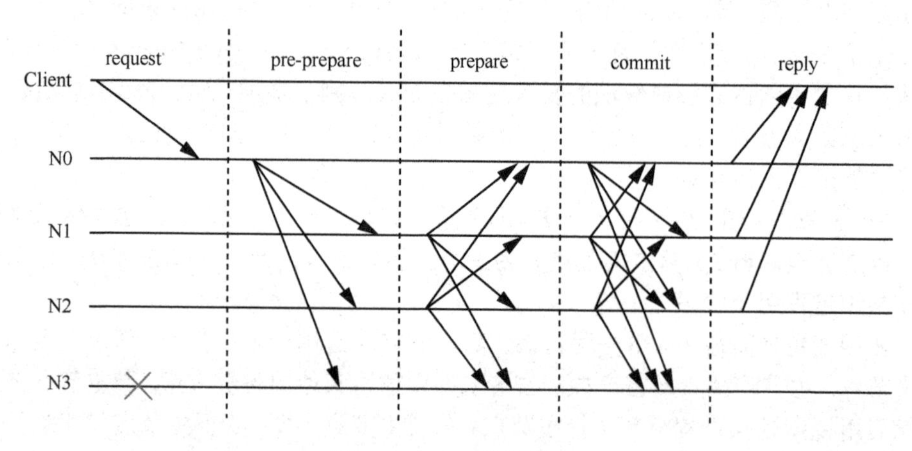

图 2-1　PBFT 算法演示

因为在 PBFT 算法中，整个系统中超过 1/3 的节点是恶意节点就无法达成共识，所以只要恶意攻击者伪造出足够的虚假节点就会破坏整个系统，这种攻击被称为女巫攻击（Sybil Attack）。这个问题可以通过增加身份认证机制来解决，即每个加入网络中的节点，其身份都会经过权威机构的认证，从而降低恶意节点加入网络中的概率。但是，在比特币等公有链系统中，身份认证机构违背了去中心化的理念，因此公有链一般不采用 PBFT 共识机制，而像联盟链这类许可链中则可以考虑采用 PBFT 共识机制。

2.2　区块链的发展阶段

随着区块链技术的快速演变，新的技术和应用解决方案在不断出现，可以根据区块链的应用范围和处理速度将区块链技术的演进划分为 4 个阶段，分别称其为区块链 1.0、2.0、3.0 和 4.0。以比特币网络为代表的区块链网络被称为区块链 1.0；以以太坊为代表的智能合约的出现将区块链技术的应用范围扩展到其他金融领域，能够低成本高可靠地实现拍卖、抵押等契约行为，实现可编程金融，称为区块链 2.0；以 EOS 和超级账本为代表的，拥有高速处理能力的区块链网络，可以将区块链技术进一步应用到医疗、公证、仲裁、审计、物流、物联网等其他领域，称为区块链 3.0；目前产业界及学术界正尝试以全新的角度和理念推进区块链技术的发展，使其可在交易吞吐量、可扩展性上实现质的飞跃，从而进一步支撑区块链作为某个行业的基础设施，并形成基于区块链的完善生态体系，广泛而深刻地改变人们的生活方式和生产方式，被称为区块链 4.0。受限于底层协议的性能、适用范围和稳定性，目前区块链 4.0 还处于早期探索阶段。类比移动通信终端的发展，区块链 1.0 相当于功能机，只能打电话、发短信；区块链 2.0 相当于智能机，通过安装软件可以充当收音机、随身听、钱包、电子邮箱；区块链 3.0 相当于移动互联网，支持大规模并发应用；区块链 4.0 相当于工业互联网，实现工业社会的应用。

2.2.1　区块链 1.0：比特币

2008 年 Satoshi Nakamoto 发表了《比特币：一种点对点的电子现金系统》一文，结合密码学、分布式系统、P2P 等知识创建了一个完全去中心化的系统。

2009 年 1 月 3 日，比特币网络诞生，第一版开源比特币客户端发布。比特币网络平均每 10min 就会产生一个区块，节点产生新区块就可以获得一定的出块奖励。同年 1 月 4 日，Satoshi Nakamoto 在芬兰的赫尔辛基市产生了比特币的第一个区块即创世区块，并获得了 50 枚比特币的出块奖励（见图 2-2）。而后每隔 21 万个区块（约 4 年）出块奖励减半，最近一次减半时间是 2020 年 5 月 18 日，出块奖励为 6.25 枚比特币。比特币的总量固定，一共是 2100 万枚，预计在 2140 年前后会达到极限。

比特币是区块链技术的首个应用，比特币系统的运行不依赖于某个特定的人或企业，而是依赖于完全透明的数学原理。比特币作为分布式点对点网络系统，没有任何中央服务器或中央机构，其创新点在于实现了去中心化的点对点网络、公共的交易账本、去中心化的交易验证系统。

Block 0

Hash	000000000019d6689c085ae165831e934ff763ae46a2a6c172b3f1b60a8ce26f
Confirmations	634,173
Timestamp	2009-01-04 02:15
Height	0
Miner	Unknown
Number of Transactions	1
Difficulty	1.00
Merkle root	4a5e1e4baab89f3a32518a88c31bc87f618f76673e2cc77ab2127b7afdeda33b
Version	0×1
Bits	486,604,799
Weight	1,140 WU
Size	285 byte
Nonce	2,083,236,893
Transaction Volume	0.00000000 BTC
Block Reward	50.00000000 BTC
Fee Reward	0.00000000 BTC

图 2-2　比特币创世区块

比特币的不足之处在于其处理交易的速度很慢，平均每 10min 产生一个新区块，一个区块包含 4000 多个交易，tps 只有 7 左右。另一个缺陷是应用场景较少，只能实现简单的比特币转账交易。

2.2.2　区块链 2.0：以太坊

以太坊是区块链 2.0 的典型代表，在比特币的基础上支持更多功能，包括智能合约、去中心化的交易和设立去中心化自治组织或公司等，并且针对比特币运行过程中出现的问题进行了改进。例如比特币中平均出块时间是 10min，以太坊将出块时间大幅度下降到了 15s 左右，每生成一个区块就有 5 个以太币的奖励，没有定期奖励减半的规定。另一个重要的改进就是增加了对智能合约的支持。以太坊提出并实现了智能合约，使用图灵完备的脚本语言（Ethereum Virtual Machine code，EVM 语言），将代码嵌入区块链实现了去中心化的合约，使区块链可以成为满足多种业务需求的底层技术。以太坊在继承了比特币所具有的非对称加密、共识算法、P2P、激励机制的同时，使用智能合约技术来支持各类区块链应用。

2013 年年末，以太坊项目组发布白皮书，启动了项目。2017 年 2 月 28 日，一批致力于将以太坊开发成企业级区块链的全球性企业，正式推出了企业以太坊联盟（Enterprise Ethereum Alliance，EEA），其成员涵盖了金融、石油、天然气、软件等多个领域。以太坊是目前业界影响最大、生态最完整、社区开发者支持最多的区块链开源技术体系之一。以太坊创世区块如图 2-3 所示。

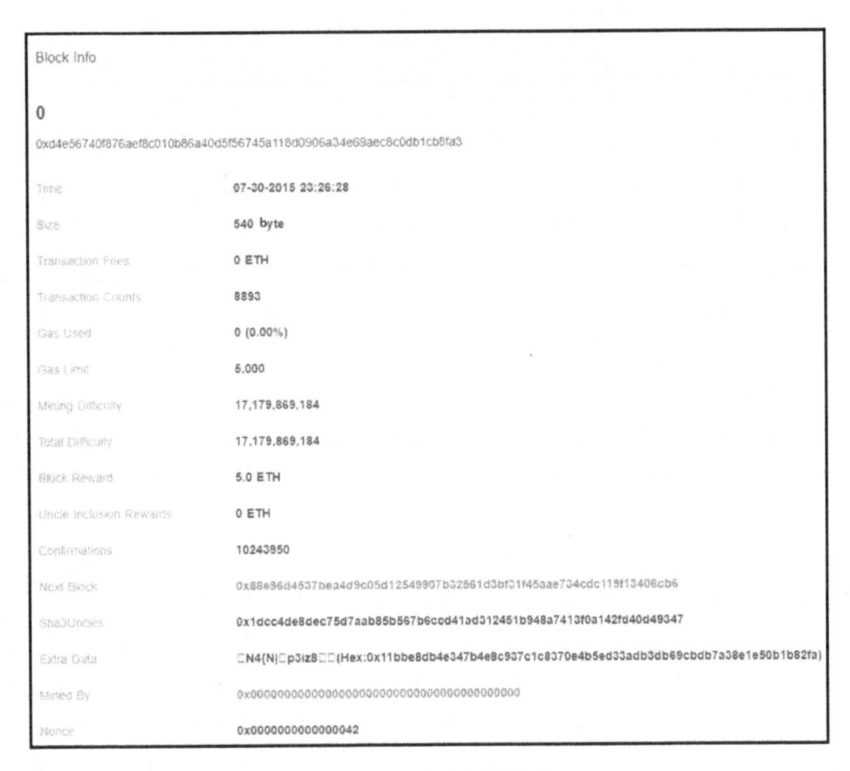

图 2-3　以太坊创世区块

不过以太坊也存在着一些问题。2016 年 6 月 17 日，发生了“The DAO”事件，这次事件范围广、影响大，打击了众多社区参与者对以太坊的信心，以太坊的开发团队发布了一次投票，根据投票结果对以太坊进行了硬分叉，篡改了黑客盗取以太币事件的记录，最终导致以太坊分成了 2 条链，分别为 ETH 和以太坊经典（Ethereum Classic，ETC）。

由此可见，难以篡改性对于区块链来说是一把双刃剑，好处在于定好的规则公开透明，所有人只能按照合约中的规则来执行业务，没有人可以篡改规则，但是一旦出现了漏洞，要修复漏洞就会付出很大的代价。从这个事件也可以看出，虽然以太坊也是基于区块链的平台，但实际上以太坊的开发团队可以在进行社区投票后，根据投票结果对以太坊进行硬分叉来篡改数据，而这在比特币中几乎是无法完成的，因此以太坊并没有达到像比特币一样的完全去中心化程度。而后以联盟链为主的区块链 3.0 时代，进一步降低了区块链的去中心化程度。

2.2.3 区块链 3.0：超级账本、EOS

EOS 是区块链 3.0 的主要代表之一，是由 Block.one 公司主导开发的区块链平台，可定制以适应广泛的跨行业业务需求，其速度和安全性业界领先。EOS 使用 DPoS（委托权益证明）共识机制，每次选择 21 个超级节点来产生区块。

超级账本（Hyperledger）也是区块链 3.0 的标志性项目，是由 IBM、Intel、J.P. 摩根等机构提出，于 2015 年由 Linux 基金会主导成立的开源社区，该项目以联盟链为主，是一个旨在推动区块链作为底层技术来解决商业问题的开源区块链项目。超级账本还包括众多子项目，主要包括：Sawtooth、Iroha、Fabric、Burrow、Besu、Indy 等。其中，Fabric 最广为人知，也是企业中采用最多的联盟链架构，其开源架构允许企业自定义分布式账本，极大地促进了区块链在商业中的应用。Fabric 的特点是具有可插拔的共识模块，企业可根据需求为自己区块链平台设计共识机制。Fabric 项目官方提供的共识机制有 Raft、Solo、Kafka，其中 Raft 为官方推荐的模式，3 种共识算法在 Fabric1.4 版本中均支持，而在 Fabric2.0 版本中已弃用 Solo 和 Kafka 算法。

目前，很多大企业都有自己的区块链平台，如百度的“度小满”、华为的“BCS”、腾讯的“TrustSQL”、阿里的“蚂蚁区块链”等，其大多使用联盟链架构，tps 相比于比特币以及以太坊有了很大提高，已广泛应用于电子政务、物流管理、智慧医疗、能源交易、供应链金融、商品溯源、电子发票、可信存证、公益慈善等领域。

实际上目前区块链在方案落地的过程中仍然面临诸多问题，最终的产品与最初设想要达到的效果仍然有很大差距。因此，距离区块链能够真正做到与现实世界完美交互，在各种领域内广泛普及还有很长的一段路要走。

第3章 区块链的分类

区块链技术自问世以来，便一直受到社会各界的广泛关注。虽然目前在技术层面区块链仍处于成长发展期，但因其巨大的发展潜力，国内外一些科技巨头和创业公司纷纷投身其中，陆续开展了对区块链工程项目的探索和实践，与其相关的项目开发成果也纷纷涌现。那么众多的区块链是如何分类的，有什么分类标准呢？本章将从区块链的分类标准入手，详细介绍几种常见的区块链类型，并对其不同点进行总结。

3.1 区块链的分类标准

在区块链的几种分类标准中，为大众熟知的是按开放程度划分的公有链、私有链和联盟链。但是实际上区块链还有许多其他的分类方式，例如，按照区块链生态的应用范围可分为基础链和行业链，根据部署机制可分为主链和测试链，根据对接类型可以分为单链、侧链和互联链，根据独立程度可分为主链、侧链等。

3.1.1 按开放程度划分

国际通用同时也是为大众熟知的分类方式就是按照区块链的开放程度进行划分，这种分类方式下区块链可分为公有链、私有链和联盟链。这3种链的区别与联系如下。

1. 公有链

全世界任何个体或团体可以随时自由加入公有区块链网络来读取网络中的数

据信息。公有链通常被认为是“完全去中心化”的，也是出现最早的区块链类型，典型的公有链如比特币网络、以太坊等。

2. 私有链

私有链一般指一个组织内部搭建的区块链，例如，一家公司可以搭建一条私有链，只允许公司内部成员加入，之后将公司的一些事务数据记录到链上，利用区块链的技术特点维护公司的数据安全，防止公司数据被篡改。私有链中，只有授权节点才可以参与和查看链上数据。

3. 联盟链

联盟链是广义上的私有链，面向某个特定群体的成员和有限的第三方。例如，多个公司之间有业务往来，但是彼此间信任度较低，同时又希望在彼此合作的时候可以共享某些数据。这样它们之间就可以搭建一条联盟链，保证参与进来的只有这几家有合作的公司，其需要共享的业务数据可以在联盟链上公开。

联盟链是介于公有链和私有链之间的一种折中方案，是基于公有链的“低信任”和私有链的“单一高度信任”的一种混合模式。联盟链在保证数据隐私的同时，其参与节点具有更好的连接状态和更高的验证效率，同时具有良好的可扩展性。

私有链和联盟链都可以称为“许可链”（Permissioned Blockchain）。

3.1.2 按应用范围划分

在区块链行业中有这样一句话：链拼的是生态。按照生态的应用范围，可将区块链分为基础链、行业链两种类型，如图 3-1 所示。

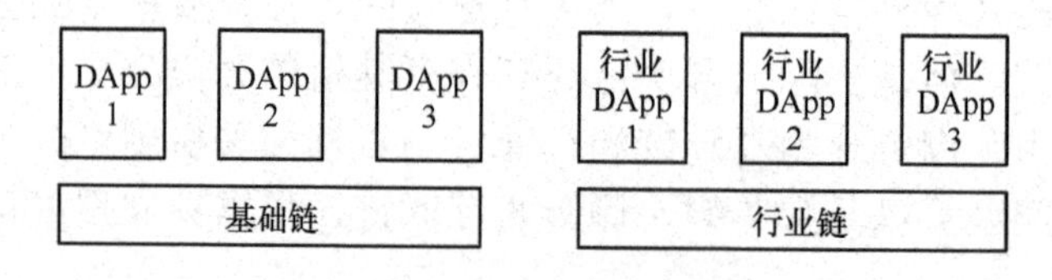

图 3-1 基础链和行业链

1. 基础链

所谓基础链，简单理解就是提供底层通用的各类开发协议和工具，方便开发者在此基础上快速地开发出各种 DApp（Decentralized Application）的区块链，一般以公有链为主。通俗来讲，基础链类似于手机中的操作系统，一个以区块链为底层打造的操作系统，用户可以在上面进行类似 App 的 DApp 开发。典型的基础链包括 ETH（以太坊）、EOS（为商用分布式应用设计的一款区块链操作系统）等。

2. 行业链

行业链为特定行业专门定制的一些基础协议和工具。如果把基础链理解为通用性公有链，那么可以将行业链理解为专用性公有链，主要应用在某个行业的内部。典型的行业链包括 BTM、GXS、SEER 等。

3.2　公有链

上文介绍了区块链的多种分类方式，其中国际通用且为大众所熟知的就是按开放程度将区块链分为公有链、私有链和联盟链。其中目前应用最广泛也最成熟的就是公有链，公有链的定义和应用具体如下。

3.2.1　公有链的定义

公有链也可称为“无许可链”（Permissionless Blockchain）。所谓公有链就是任何人都能自由加入，区块链系统完全开放。

由于公有链完全开放，因此对安全性的需求很高，要保证具有较高的容错性。比特币、以太坊等公有链虽然安全性较高，但是交易吞吐量较低，很难被大范围应用。针对这一点，研究者们提出了很多扩容方案，如加大区块容量、运用闪电网络、采用状态通道技术等。

3.2.2　公有链的应用

随着区块链技术的发展，其应用范围也在不断扩大。随着 DApp 的出现，区块链技术已经逐步走出金融行业，在物流、医疗、交通等领域都有着广泛应用。

DApp 概念来源于以太坊社区，指的是基于智能合约的应用。传统的 App 运行在中心服务器上为用户提供服务，而 DApp 的用户通常通过交易的形式把数据记录在区块链上。

3.3　联盟链

相较于第 3.2 节介绍的公有链，联盟链的部分去中心化可能更适合应用于实际生产生活场景。本节首先具体介绍联盟区块链的特点，然后介绍其主要应用。

3.3.1　联盟链的定义

联盟链介于公有链和私有链之间，可实现“部分去中心化”。联盟链由若干个组织或机构共同参与管理，每个组织或机构控制一个或多个节点，所有节点共同记录交易数据，采用 PBFT、Raft 等新型共识机制保证账本的唯一性和安全性。联盟链属于“许可链”，参与者需要经过许可才能加入，并且只有这些参与的组织和机构能够对区块链中的数据进行读写和发起交易。从某种角度来看，联盟链也可以被看作特殊的私有链，只是私有化程度相较私有链更低。但是其同样具有运行成本低、效率高的特点。典型的联盟链有：R3 区块链联盟、超级账本（Hyperledger）、俄罗斯区块链联盟等，其中为大众所熟知的就是开源的超级账本项目中的 Hyperledger Fabric 子项目。

3.3.2　联盟链的应用

联盟链的应用相较于公有链更加具体化、细节化。例如，在数字政府的建设过程中，随着政务数据资源的不断产生与积累，存在数据可用性不足、电子政务系统面临数据孤岛、安全性差、监管缺失等难题。可考虑利用基于联盟区块链的协作方式，打通数据壁垒，实现政府各部门之间数据共享流通。在物流金融场景中，随着物流服务的复杂化，物流供应链从原来简单的“供应与需求”的关系演变为多方参与的协同模式。区块链技术在处理多方参与的业务协作方面可以产生很好的效果。利用区块链的去中心化特性改变现有的协作模式，解决数据传递过程中可能出现的信任问题，将生产、交易、订单、运输、仓储等供应链全过程连接，形成可信数据的价值流通。

在实际应用中，北京提出推进基于区块链的政务服务共性基础设施建设；贵州提出依托“一云一网一平台”，建立政府主导的联盟链，服务“一网通办”；湖南提出建设基于区块链的中小企业融资服务平台。除政务与金融领域应用外，各地根据实际情况还提出了诸如海南旅游消费区块链积分、湖南“工业互联网+区块链”创新应用等一些特色应用场景[2]。在国外，美国正推动区块链技术在美国财务部、国务院、国土安全局、NASA 等多个政府部门和机构的应用，美国证券交易委员会（United States Securities and Exchange Commission，SEC）也尝试用区块链技术对数字资产进行合规监管。2023 年新加坡计划所有政府网站将提供电子支付和电子签名选项。在欧洲，爱沙尼亚从 e-Estonia 数字爱沙尼亚计划，到 e-Residency 数字国家计划，再到爱沙尼亚数字大使馆（Estonia Data Embassy），正着力打造欧洲数字政府新典范。瑞士银行、英国巴克莱银行都已经开始使用区块链技术，以加快后台结算功能。

目前区块链与各行业间的融合仍处于早期阶段，很多应用还不够成熟，甚至有“数据为了上链而上链”的现象。根据 Gartner（高德纳咨询公司）的统计数据，虽然超过 50%被调研的首席信息官表示准备在未来 3 年部署区块链，但事实上目前仅有 3%的企业真正应用了区块链。其根本原因在于现阶段很多应用场景中，区块链可用已有技术替代[2]。为了让区块链技术能真正有效地改善各行各业的运行模式，我们需要考虑究竟什么样的场景适合使用区块链技术。苏黎世联邦理工学院曾提出过一个决策树模型，如图 3-2 所示，用来初步判断某个场景中是否适合使用区块链技术。

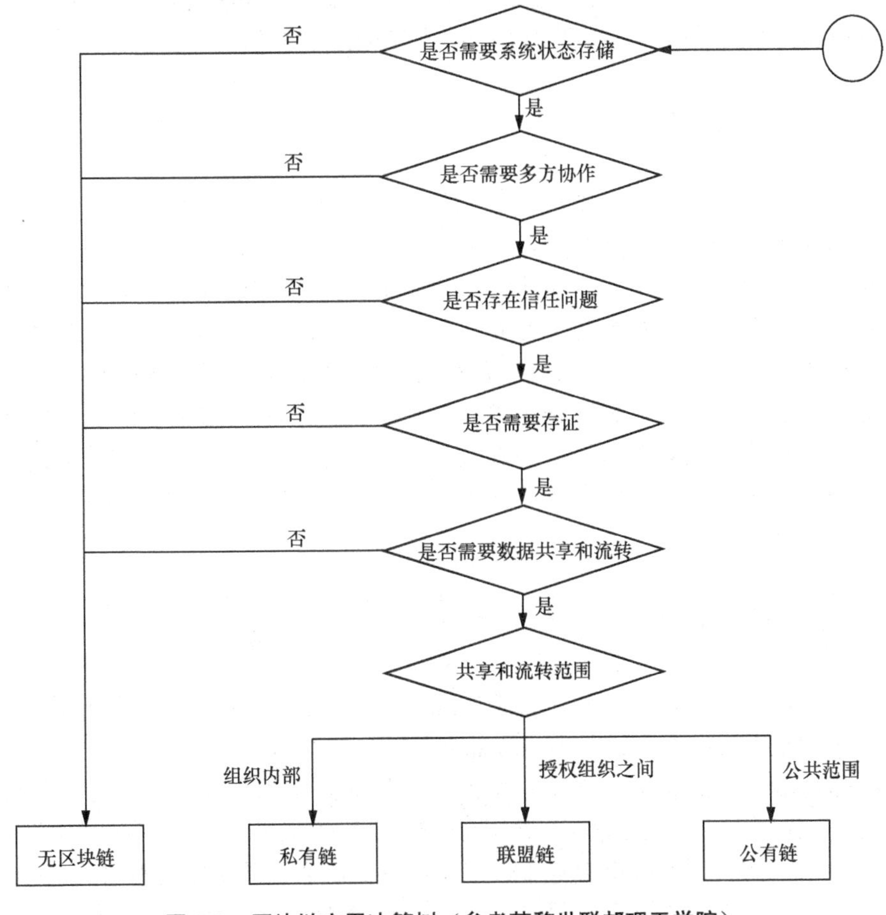

图 3-2 区块链应用决策树（参考苏黎世联邦理工学院）

区块链共享账本方法的核心特征是在交易过程中，为各方参与者构建可信、安全、透明且可控的生态系统，在可降低成本、提高效率的同时，改善所有参与者的体验。区块链应用所面临的现实问题是区块链系统该如何有效治理、与现有的规则体系如何适配等。要想做到合理利用区块链的优势实现区块链技术的广泛应用，还有很长的路要走。

3.4 私有链

私有区块链的开放程度是 3 种区块链中最低的，一般只在企业或组织内部使用，成员之间具有很高的信任基础。虽然私有区块链的私有化特性看似不符合区块链的开放化、去中心化的初衷，但实际上私有区块链也有其具体的应用场景。本节首先介绍私有区块链的具体特征，然后对私有链的应用进行探讨。

3.4.1 私有链的定义

与公有链完全相反，私有区块链网络的读写权限由某个组织或个人完全控制，数据读取规则由网络所属组织规定，通常具有很大程度的访问限制。与公有链相比，私有链中的节点数目少且可信度较高，因此达成共识的时间相对较短、交易速度更快、效率更高、成本更低。私有链属于“许可链”，这意味着每个参与节点都需要经过认证，这样可以更好地保护隐私，并且能做到身份认证等金融行业必需的要求。相较传统的中心化数据库，私有链能够防止组织内部某些节点故意隐瞒或篡改数据，并在发生事故后能够迅速追责。因此很多金融机构更倾向于应用私有链技术。私有链主要应用于企业内部，代表有 Linux 基金会、R3 Corda 平台。

3.4.2 私有链的应用

目前比较成熟的私有链项目包括 Linux 基金会、R3CEV Corda 平台以及 Gem Health 网络的超级账本项目（Hyperledger Project）等。私有链能解决公有链无法解决的金融企业的私密性问题。但也有一种观点认为私有链仅仅是在传统数据库的基础上增加了一些新功能，并不算一项真正的创新，只是一种高效的非常规数据库结构。但实际上私有区块链和传统数据库结构存在着本质的不同。传统数据库通常会设定几个无限访问权限的管理员，这就存在安全漏洞，因为无法保证所有管理员都完全可靠。而私有链则从以下 4 个方面来解决这一问题并保证数据安全性。

1）设立多个管理员，每个管理员都存有私有链的副本。

2）若要在私有链上进行操作，需要所有管理员达成共识。

3）禁止所有协议外的行为，所有不遵守协议的行为都被视为恶意操作，进行操作的管理员将被追责。

4）以区块链的方式记录完整的历史信息，包括所有数据信息和操作信息，方便日后追踪溯源。

从另一个角度来说，私有链的存在也是为了推动公有链的实现。例如，政府部门和金融企业，这些组织或企业不可能实现中心化到完全去中心化的转变，公有链机制的确可以带来更好的变革，但从目前实际情况分析，直接应用公有链技术并不合理，需要私有链来帮助过渡。正如 Lisk 首席执行官 Max Kordek 所说：传统机构无法突然之间转变成一个完全的公有链，私有链是实现未来加密世界的重要步骤。

随着应用场景的需求日益复杂，区块链技术变得越来越复杂。而公有链与许可链的边界也逐渐开始模糊，开始出现混合链（Hybrid Blockchain），其特点是系统内每个节点都被赋予了不同的权限，有些节点只能查看部分区块链数据，有些节点能够下载完整的区块链数据，有些节点只负责参与记账，而有些节点甚至可以调整区块链更新方向。混合链可能同时具有公有链和许可链的优点，但开发难度较大，会是未来区块链技术发展的方向之一。

3.5　区块链类型对比

本节将从开放程度、共识机制、管理策略等方面对不同类型的区块链进行总结。

3.5.1　开放程度

公有链是完全开放的区块链，即任何人在任何时间、任何地点都可以自由加入公有链网络，同时任何人都可读取网络中的所有信息、所有参与者都可以参与系统维护工作。由于加入公有链不需要任何人授权，可以自由加入或者离开，所以公有链又称为非许可链。

与公有链不同，私有链的准入门槛要高得多。私有链仅为个人或者个别组织服务，写入权限归属于某个组织或者特定对象的区块链，对加入网络的成员有较高的信任基础要求。

联盟链是由指定的若干机构共同控制的区块链，从公开程度来看，联盟链是介于私有链和公有链之间的。联盟链的信用机制由若干权威或者由公信力机构共同维护。

3.5.2 共识机制

因为准入门槛低，信用环境陌生，所以公有链需要一套共识机制来筛选记账节点，需要节点竞争记账优先权。公有区块链常用的共识机制有 PoW（工作量证明）、PoS（权益证明）或结合 PoW 和 PoS 的混合共识机制等。

私有链因为服务对象比较单一，参与记账的节点较少，不存在竞争记账权的问题，所以记账的效率高、成本低、隐私性更强。由于私有链的参与成员都是内部的节点，记账环境是可信的，所以对共识机制的要求比较宽松。通常由个人或组织内部成员自行设置。

联盟链的共识机制由多个组织共同控制，这些组织或个人之间有一定的信任基础，但信任基础又不如私有链那么牢固。因此，联盟链也需要合理的共识机制来维护账本的唯一性、正确性，但又不需要像公有链中的共识机制那么严格。目前大多数联盟链采用 PBFT（实用拜占庭容错）共识机制或 Raft 共识机制，少数采用 PoS、DPoS 共识机制。

3.5.3 管理策略

管理策略是一组规则，这些规则定义了如何制定决策以及实现特定目标的步骤，例如用户对资产的访问权和控制权。

在公有链网络中，网络的管理和维护由所有成员共同完成，所有的规则改变都需要所有成员的同意才能生效，因此公有链的管理策略是由所有成员在网络运行过程中共同制定的。在公有链中很少讨论管理策略，是因为在公有链中管理策略相对简单且数量较少，同时几乎不可更改，所以公有链的管理策略通常被大众忽略。

私有链由个人或某个组织私有，所以可以在网络设计之初或者网络运行过程中自由制定管理策略，具有非常高的灵活性。

策略是联盟链与公有链有所区别的重要原因之一。联盟链是经过许可才能参加的区块链网络，其用户身份可以被基础结构识别，有一定的信任基础，因此这些用户能够在启动网络之前决定网络的治理策略，或在网络运行过程中随时修改策略。在联盟区块链网络中，策略是一种管理基础架构的机制。在通道中添加或删除成员，更改区块的形成方式以及智能合约上链所需要的签名数目的标准，这些行为以及谁可以执行这些行为均由策略定义。简而言之，各级参与者在联盟链网络上执行的所有操作均由策略控制。

这 3 类区块链的区别不仅是上文介绍的 3 点，还包括许多其他的区别，但上述

3 点区别是最关键的。3 种区块链的对比见表 3-1。

表 3-1 3 种区块链对比

	公有链	私有链	联盟链
开放程度	高	低	中
参与者	任何人	组织内部成员	多个组织
记账人	所有参与者	组织内部决定	多个组织共同决定
适用场景	在陌生环境中建立信任泛在体系	参与者互相信任度较高	在多个陌生组织之间建立信任
共识机制	PoW、PoS 等	组织内部自定义	PBFT、Raft 等
管理策略	由所有成员在网络运行期间共同制定	组织或个人在任意时间制定	由网络管理员在网络创建前共同制定，运行过程中可修改
运行速度	慢	快	适中

3 种区块链各有特点，应综合考虑具体的业务场景，分析行业痛点，选择合适的区块链类型。

第4章 区块链常见认识误区

误区一 区块链等于比特币

2008年11月1日，一篇名为《比特币：一种点对点的电子现金系统》的白皮书问世，其作者Satoshi Nakamoto在该白皮书中简洁地描述了比特币系统的运行机制。比特币是全球广泛使用的区块链技术，通过数字签名使得在线支付能够直接由一方发起并支付给另外一方，中间不需要通过任何的金融机构。同时为了防止双重支付，它提出了一种采用工作量证明机制的点对点网络来记录交易的公开信息，只要诚实的节点能够控制绝大多数CPU的计算能力，就能使攻击者难以改变交易记录。节点之间的工作，大部分是彼此独立的，只需要很少的协同。每个节点都不需要明确自己的身份，可以随时离开网络，若想重新加入网络也非常容易。节点通过自己的算力进行投票，表决它们对有效区块的确认。随着比特币的大热，区块链这个词也为越来越多的人所熟知。然而多数人都有的问题是：比特币就是区块链吗？这两者究竟有什么联系？

其实区块链是比特币的底层技术，它融合了加密技术、点对点网络、分布式共识算法等多种理论，使比特币具有了安全、匿名、数据透明、难以篡改等特点。“区块链”这个词的由来，是比特币白皮书英文原版里的“chain of blocks”，国内翻译这个句子的时候，直接用了“区块链”一词，而后这个词直接就被写成了“blockchain”，成为如今全球整个区块链技术层面的专有名词。可以说区块链技术诞生于比特币，比特币是区块链技术的一个应用。比特币证实了区块链技术的可行性，但比特币不是区块链技术的全部。

误区二　区块链只用于金融领域

随着比特币的出现，区块链技术开始进入公众的视野。然而很多人对于区块链的了解还停留在比特币。其实区块链所具有的去中心化、公开透明、难以篡改等特点，对于数据共享、数据溯源等方面具有很高的借鉴意义，非常适用于多方合作、需要高度信任的场景中，已经吸引了政务、版权、能源交易、物联网、供应链金融以及医疗等多个领域的重点关注。

1. 防伪溯源

目前，区块链技术在供应链业务中的应用实验研究主要围绕快递业务、冷链物流和食品安全等领域展开。在物流快递行业实施区块链系统，可以将快递的整个收发流程和责任人的信息上链，利用区块链的数字签名技术，实现快递行业的流程数字化并促进快递行业的实名认证政策实施。

同时将区块链技术和射频识别（Radio Frequency Identification，RFID）技术、物联网技术等新技术融合使用，能够实现农产品冷链、医药冷链的实时监控及安全溯源。有学者构建了以区块链为基础的供应链物流信息生态圈，他们认为区块链的去中心化特征可以使供应链中每个节点平等地进行信息的交换和存储工作，共识机制可以有效消除获取供应链信息的机会成本，基于区块链的智能合约记录并监督了供应链的业务实施，并能够有效追溯产品运输的各类问题。

2. 版权保护

区块链具有的去中心化、数据难以篡改等特征，可以帮助新闻出版业进行版权注册、登记、支付、交易、证明，能有效保护版权，减少侵权行为，区块链技术在新闻出版业版权保护中具有广阔的应用空间。

安全时间戳技术可以帮助新闻出版业实现版权证明与维权，其基本原理是哈希函数。创作者使用安全时间戳为需要保护的作品或创意加密，并证明作品或创意在时间上的优先性，用时间安全戳来保护自己的知识产权，证明某次交易真实发生过。交易双方签署协议后盖上安全时间戳，并将协议的哈希函数写入区块链，如果一方日后反悔或有争议，另一方可以公开哈希函数来证明此前协议的真实性和有效性。

3. 物联网

基于区块链技术物联网行业发展也很迅猛。2016 年 10 月工信部发布《中国区块链技术和应用发展白皮书（2016）》中提到，区块链技术为去中心化物联网的自我治理提供了方法，可以帮助实现物联网设备中的设备理解彼此，并让物联网中心设备知道不同设备间的关系，实现分布式物联网的去中心化控制。工业物联网的实施同样是区块链与智能制造的契合点，区块链技术与智能制造的融合影响工业物联网的发展，异构制造设备和系统因为区块链去中心化的特点加速发展融合。

4. 医疗领域

目前，所有的医疗信息系统都是以医疗机构为导向来进行管理和运营的。为保护患者隐私，除患者本人要求调出并查看自己的个人信息外，原则上不允许进行医疗机构以外的信息转移和共享。这种以医疗机构为导向的患者医疗信息管理系统必然会造成医疗数据分散在不同的医院，碎片化的医疗数据降低了医疗服务的质量。医疗研究和人工智能领域对医疗信息的需求日益增加，可以供医学研究的数据却很少，而且数据的可靠性也很难得到保证。这是因为虽然每天都有大量的医疗数据产生，但是数据分散在不同的医疗机构，导致实际上只有一小部分数据可用。

误区三　区块链就是一条链

区块链实际上是“区块”+“链”的结构，“区块”中存储数据，“链”将所有的区块连接起来，最终形成一种数据难以篡改的数据结构。但随着区块链技术的发展，很多区块链系统不仅仅是一条链，区块链可形成跨链机制，并正在逐步趋向成熟和可应用化。跨链是指通过技术手段，将原本不同的、独立的区块链上的信息、价值进行交换和流通。狭义上来说，是两个相对独立的区块链账本间进行资产互操作的过程；广义上来说是两个独立的账本间进行资产、数据互操作的过程。

在行业早期相当一段时间内，区块链技术都是基于单一链的发展。当时行业普遍认为区块链的性能优化和技术升级可以在单一链上完成，一旦链内成员就项目发展方向无法达成一致，只能通过硬分叉或重新设计一条区块链来解决。由于在出块时间、区块容量的限制以及智能合约方面的不足，比特币网络显示出其局限性。瑞波实验室早在 2012 年就提出 Interledger 协议以解决不同区块链账本之间的协同问题。2016 年，以太坊创始人 Vitalik Buterin 发表的“Chain Interoperability”对区块链互操作问题做了全面和深度的分析，同年利用多方计算和门限密钥共享方案，实现公有链间的跨链交易的 WanChain 诞生了。

在联盟链领域，联盟链平台的数量逐渐增多，每个平台都有自己的特点，都存有自己的数据，而用户针对不同的业务可能会面对多个联盟链平台。随着业务的驱动以及技术的进一步发展，联盟链底层平台在基本功能、协议、接口、数据、安全机制等多方面会日渐趋同，朝标准化方向演进，但在增强功能、内部架构、性能以及技术选型等方面，仍然会呈现异彩纷呈的形态。参照计算机网络的发展历程，独立的区块链网络终究要走上互联互通的未来。

误区四　区块链可以解决任何缺乏信任的问题

信任是人类社会正常运转的重要基础之一，交易需要信任、共享需要信任、只要与他人有交流就需要信任。尤其在当今这个高度信息化、全球大融合的社会环境下，信任更是成为社会发展中不可或缺的要素之一。为了满足社会发展过程中的信任增长需求，人类社会中构建信任关系的方式也在不断变化，从最原始的沟通培养，到借助公信第三方担保，再到如今的数字化信任，信任基础的构建越来越快速，也越来越稳定。近几年来，区块链作为一种制造信任的技术，可以通过算法和程序来实现数字化信任，陌生人之间也可以快速建立信任关系，推动了社会信任体系的快速变革。但是区块链的强大功能导致很多人对其产生了盲目的信任，将其功能夸大化，认为区块链可以解决任何缺乏信任的问题。这种看法是错误的，下面列举了一些区块链也解决不了的信任问题，帮助读者理解区块链技术现存的局限性。

区块链最主要的作用体现在对数据的安全可靠存储，保证数据信息难以篡改。但这只能保证上链后的数据难以篡改，而上链之前的数据采集、数据整理等环节依然存在大量的安全隐患，因此无法判断上链前数据本身是否真实有效。这时还会产生信任问题，而单纯使用区块链技术目前无法解决此类问题。

此外，数据上链后很难保证数据不被泄露，因为每个可以读取到数据的成员都可能将数据复制下来，拿到区块链网络以外的环境中进行传播，这时区块链网络也无法追溯到底是哪个用户泄露了数据。所以，在区块链上很多隐私性数据的共享仍存在一定信任问题，只依靠区块链技术无法彻底消除。

在许可区块链网络中，成员之间的权限并不相同，有些成员权限较高，可以读取很多链上的数据信息，而有些成员则需要经过层层授权才能读取少量数据，这样虽然能减少数据泄露的风险，但也造成了网络成员之间信任的缺失。权限大的成员不经审核就可以随意阅读他人数据，而权限低的数据需求者却很难获得有用的数据，这也造成了数据安全共享中信任的缺失。目前，区块链也无法彻底解决这一问题。

从上述内容可知，信任问题是无法由区块链这一种技术就完全消除的。应该理性地看待所有技术，而不能盲目地认为某项技术或者某种模式能够彻底解决信任问题。

误区五　只有大企业才能使用区块链技术

很多对区块链缺乏深入了解的人认为区块链是一种部署复杂、运营成本高的网络，只有大型企业才需要使用并且可以负担得起，而小型企业和个人很难负担搭建和运营成本，也无须使用这类“复杂”技术。这种想法是片面的，区块链的应用场景非常广泛，相对而言，大型企业的确更有条件也更需要使用区块链技术来解决实际问题、提升工作效率以及降低运营成本，但这并不意味着小型企业或者个人用户就不能利用区块链技术。

首先，区块链网络的搭建和使用都没有想象中那么复杂，很多区块链网络的代码都是开源的，需要者可以自行学习和尝试搭建；同时搭建区块链的成本也非常低，小型区块链网络可能只需要几台服务器运行节点即可，小型企业完全负担得起；而且区块链网络的规模水平非常灵活，用户可根据自身需求进行有效适配，小公司可以运行一个节点数目相对较少的区块链网络来解决一些实际问题。

其次，小型企业和组织也需要区块链技术来帮助提升工作效率和降低运营成本。创建区块链的初衷之一就是开放共享，这是对小型企业非常有利的，如果小型企业可以和大型企业加入同一个区块链网络进行信息交流，会对小型企业产生非常大的帮助。即使不能和大型企业加入同一个区块链网络，和多个同级别的企业通过区块链联系起来也会对企业发展有很大的帮助。所以小企业也需要区块链技术的帮助。

目前有很多互联网企业都推出了区块链开放服务平台，帮助用户搭建、维护以及管理企业级区块链网络和应用，例如，百度的超级链和蚂蚁区块链推出的区块链即服务（Blockchain as a Service，BaaS）平台。这些平台的出现使得用户可以更加便利地使用区块链技术，小型企业和个人用户也可以更轻松地实现对区块链网络的部署和管理，从而真正实现区块链的普及化、产业化。

误区六　智能合约可以代替法律合约

人们为什么要建立合约？因为人们不完全信任对方会履行承诺或执行协议，所以需要以具有法律效力的合约作为担保。而智能合约则是一套以数字形式定义的承诺，包括参与方履行承诺的协议。它能使许多种类的合同条款（如留置、担保、财产确权）嵌入可以处理的硬件和软件，使当事人不能违约或需要承受昂贵的违约成本。智能合约和法律合约有一定的共同点，但智能合约仅仅是一款软件应用程序，无法替代法律合约。原因有以下4点。

1. 假名当事人问题

区块链的特征之一就是借助密码技术和数字签名，交易双方可以隐藏其真实身份，人们即使素未谋面、互不相识，只要他们信任区块链的底层技术架构，信任全网节点不被有效击破，就可以在区块链上以智能合约的方式进行交易，而无须知晓对方当事人的真实身份。在这种情况下，就无法确认合约主体是法律所规定的合法当事人。

此外，对于某些特定合同，《合同法》明确规定为要式合同，如不动产合同、汽车飞机买卖合同、涉外合同等，如果这类合同用智能合约订立执行，在假名当事人的情况下，显然不具有法律效力。要签订这类合同，去中心化匿名化的当事人必须浮出水面走出前台，履行法律规定的形式和手续，进行书面签名并到相关行政部门办理相关手续，智能合约才能产生法律效力。

2. 代码漏洞问题

虽然区块链具有防篡改性质，但也并非“铜墙铁壁”，完全不会被改变。由于区块链代码的开源性质，任何人都可以在互联网上读取区块链代码，这就难免会受到恶意攻击和操控。2016年6月17日发生的“The DAO”事件，因为智能合约代码在编写过程中存在漏洞，从而被黑客攻击。此时，如果智能合约尚未执行，缔约双方应当有权撤销合约。如果智能合约已经得到执行，外力攻击导致双方当事人的损失，理论上可以向第三方主张赔偿，但由于区块链的假名性，很难找到恶意第三方，赔偿责任极难得到保障。

3. 智能合约的普及问题

智能合约的工作原理类似于计算机的“if-then”语句，通过计算机代码的方式记录后，其优点是清晰、准确和可模块化。智能合约借助软件代码的符号逻辑，可以减少合约的模糊性。但是，计算机的逻辑语言要求编码双方都必须熟悉计算机代码的内容，才能确保交易双方地位的实质平等，否则，不懂代码的一方就会处于不利地位。

4. 智能合约的监管问题

区块链智能合约具有去中心化、匿名性、自动执行等性质，可能就会有不法分子利用智能合约实施违法活动。没有一个中心化的机构来承担起监管的责任，交易双方甚至可以不了解对方的真实身份，交易也可以完成，这些违法交易在区块链环境下难以追踪。

补充和完善法律中涉及智能合约的规定，从智能合约的运用与现实世界的联系中探索、制定规则，增强对区块链监管等，这些都是国家层面亟须解决的问题。

误区七 区块链是法外之地

近年来，区块链越来越多地被运用于国家机构和大型互联网企业中，各类创新应用模式在逐步落地。但在多行业应用过程中存在着一系列风险，给监管机构的工作带来了很大的挑战，但是这绝不意味着区块链是一处没有法律规范的法外之地。

2016 年 10 月，工信部发布《中国区块链技术和应用发展白皮书（2016）》，建议各级政府主管部门借鉴发达国家和地区的先进做法，结合我国区块链技术和应用发展情况，及时出台区块链技术和产业发展扶持政策，重点支持关键技术攻关、重大示范工程、“双创”平台建设、系统解决方案研发和公共服务平台建设等。

2017 年，关于区块链技术的各项鼓励与支持政策出现井喷状态。2017 年 6 月，中国人民银行发布《中国金融业信息技术“十三五”发展规划》，指出要贯彻落实“互联网+”战略，通过政策引导、标准规范，促进金融业合理利用新技术，建设云计算、大数据应用基础平台及互联网公共服务可信平台，研究区块链、人工智能等热点新技术应用，实现新技术对金融业务创新有力支撑和持续驱动。

该规划进一步明确区块链技术基础研发和前沿布局的重要性，提出中国区块链技术发展的标准化路线图。全国各省市开始陆续出台区块链发展相对应的支持性或规范性政策。如北京市金融工作局等 8 个部门联合发布的《关于构建首都绿色金融体系的实施办法》中提到发展基于区块链的绿色金融信息基础设施，提高绿色金融项目安全保障水平。

2018 年 3 月，工信部宣布筹建“全国区块链和分布式记账技术标准化技术委员会”，参与国际标准化组织（International Organization for Standardization，ISO）区块链标准化工作，并取得积极进展。2018 年 5 月，国家互联网信息办公室（以下简称国家网信办）发布《数字中国建设发展报告（2018 年）》，强调要积极布局区块链等战略性前沿科技。

2019 年 1 月 10 日，国家网信办发布《区块链信息服务管理规定》，旨在明确区块链信息服务提供者的信息安全管理责任，规范和促进区块链技术及相关服务健康发展，规避区块链信息服务安全风险，为区块链信息服务的提供、使用、管理等提供有效的法律依据。

2021 年 6 月 17 日，最高人民法院发布《人民法院在线诉讼规则》。《规则》第十六条规定：“当事人作为证据提交的电子数据系通过区块链技术存储，并经技术核验一致的，人民法院可以认定该电子数据上链后未经篡改，但有相反证据足以推翻的除外。”首次明确了区块链存证的效力。

2022年5月25日，最高人民法院发布《最高人民法院关于加强区块链司法应用的意见》。这是人民法院深入贯彻习近平法治思想，落实习近平总书记关于推动区块链技术创新发展重要指示精神的具体举措，将进一步推进人民法院运用以区块链为代表的关键技术加速人民法院数字化变革，创造更高水平数字正义，促进法治与科技深度融合发展，推动智慧法治建设迈向更高层次。

参考文献

[1] 杨保华, 陈昌. 区块链原理、设计与应用（2 版）[M]. 北京: 机械工业出版社, 2020.
[2] 中国联合网络通信有限公司研究院. 中国联通区块链白皮书[R]. 2020.

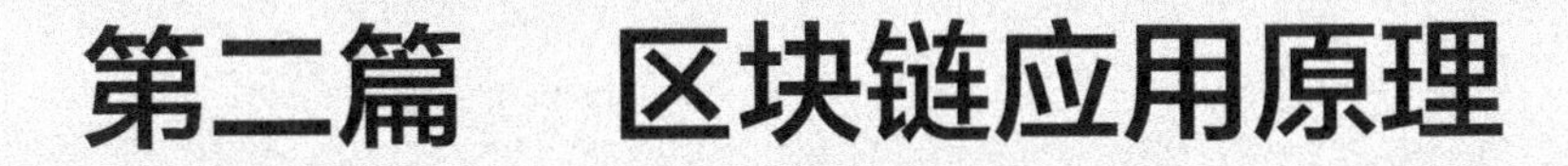

第二篇　区块链应用原理

第5章 区块链技术的本质内涵

5.1 区块链的核心能力

区块链是一个革命性的数据传输和存储方式，它利用块链式的数据结构来验证和存储数据，在链式结构方面以哈希技术为基础，各个节点的数据依然可以采用传统数据库和文件系统。

区块链技术是以分布式数据存储、点对点传输、共识机制、加密算法、智能合约等计算机技术集成创新而产生的分布式账本技术。其依靠P2P在各个节点之间传输数据，依靠私钥签名确保数据唯一，依靠公私钥体系构建账户体系，依靠共识算法添加数据并提供网络维护者的激励，依靠Merkle树构建存储数据库，依靠时间戳确保历史区块产生时间。这是区块链的主要技术构成。

5.1.1 区块链的技术构成

区块链技术是由共识算法、P2P通信、密码学、数据库技术和虚拟机（Virtual Machine，VM）5个部分构成的，下面对这5部分进行详细的介绍。

1. 共识算法

去中心化的区块链节点是各处分散且平行的，所以必须设计一套制度来维护系统的运作顺序与公平性，统一区块链的版本，并奖励提供资源维护区块链的使用者以及惩罚恶意的危害者。这样的制度，必须依赖某种方式来证明，是由谁取得了一个区块链的记账权，并且可以获取打包这一个区块的奖励，又或者是谁意图进行危害，就会得到一定的惩罚。因为区块链的分布式网络中，没有中央权威，因此，网络需要一个决策机制来促成参与者达成一致，而共识机制就是一种协调大家处理数据的机制。

2. P2P通信

P2P是一种点对点的数据传输技术，依靠用户群交换信息，与有中心服务器的中央网络系统不同，对等网络的每个用户端既是一个节点，也有服务器的功能，任何一个节点无法直接找到其他节点，必须依靠其用户群进行信息交流。P2P的分布特性通过在多节点上复制数据，也增加了防故障的稳健性，并且在纯P2P中，节点不需要依靠一个中心索引服务器来发现数据。在后一种情况下，系统也不会出现单点崩溃。当然P2P也有很多种，不同区块链中可能采用不同实现方式。

3. 密码学

密码学就是一种特殊的加密和解密技术，区块链系统中应用了多种多样的密码学技术，包括哈希算法、公钥私钥、数字签名等，以此来保证整个系统的数据安全，并且证明了数据的归属。依靠密码学的加密和签名技术是区块链中身份唯一性的保证。公钥是公开的一个密钥，私钥是不公开的一个密钥，那么可以很容易理解，当用公钥加密的时候，只有私钥持有者才可以解密数据，这是在做保密传输，称为"公钥加密"。当用私钥加密的时候，所有知道此私钥对应公钥的人都可以解密数据，这是在通过公钥认证身份，称为"私钥签名"。只有公钥可以从私钥中计算出来，而私钥却不能从公钥中推出。而个人账户地址是与公钥一一对应的。非对称加密（公钥加密）指在加密和解密两个过程中使用不同密钥。在这种加密技术中，每位用户都拥有一对钥匙：公钥和私钥。在加密过程中使用公钥，在解密过程中使用私钥。公钥是可以向全网公开的，而私钥需要用户自己保存。这样就解决了对称加密中密钥需要分享所带来的安全隐患。非对称加密与对称加密相比，其安全性更好：对称加密的通信双方使用相同的密钥，如果一方的密钥遭泄露，那么整个通信过程就会被破解。而非对称加密使用一对密钥，一个用来加密，一个用来解密，而且公钥是公开的，密钥是自己保存的，不需要像对称加密那样在通信之前要先同步密钥。

4. 数据库技术

区块链就是一个数据库，外面一定是有自己的业务系统的，业务系统通过公共城市节点上的智能网关与整个区块链服务网络的数据进行交互。之所以称之为智能，是因为网关可以向业务系统以及区块链开发者隐藏区块链的复杂性。业务系统的开发者在使用服务网络的时候，可以用任何编程语言调用网关API，并与区块链环境内的数据发生交互。这大大降低了开发者的成本，企业也不需要雇佣新的专业区块链开发人员。区块链技术与分布式数据库技术的融合，解决了原有数据存储过程中"伪中心化"的难点，支持多活动体系结构是它的重要创新。区块链技术的出现，给"分布式多活数据库"的落地带来了新的曙光，区块链技术中，在设计原理和实现逻辑上不考虑"事务"和"强一致性"，在交易和结算领域使用了特定的数据结构和共识算法来实现这种机制。相较区块链技术的短板，分布式数据库技术有众多明显的技术特点，包括数据可伸缩性、高并发性、高性能和快速标准化访问以及更灵活的使用场景。通过这两项技术的结合，将形成一个基于数据库的分散管理机制，形成“分布式数据存储”技术。通过分布式数据库，它提供了通用事务支持、高并发性、高性能和所有主要功能，包括添加和删除检查、SQL 解析、日志、数据管理、索引管理等。区块链技术的集成将解决多活数据库的“双花”问题，即一致性控制问题，也可以解决公共网络中的信任问题并赋予整个数据更高的安全性。

5. 虚拟机

虚拟机的基本功能是可以对操作系统进行一个或多个镜像，镜像出的操作系统和现有本机操作系统共享同样的软硬件资源、权限等，所有操作都可以在这个全新的、独立的虚拟系统里面进行。虚拟机是一个虚拟的计算机系统，无须考虑硬件，在这个系统里有自己的运行规则，用户可以在里面编写自己的东西，就比如现实世界和二次元的世界。虚拟机最早是为了解决计算机的分时租赁问题，出现得比 Windows 这类操作系统和互联网还早。那什么是分时租赁呢？早期的时候很多人共用一台大型计算机，使用的时候其实是你用 10s，我用 10s，你觉得这台机器一直都是你的，我觉得它一直都是我的，但我们都等待了 10s，只不过由于计算机 CPU 的速度特别快，我们没有等待的感觉而已，这就是分时租赁。那为什么区块链需要用到虚拟机呢？我们都知道区块链有共识机制，共识机制要求所有人的计算结果是一样的，但是传统的虚拟机由于受到底层硬件的限制，可能会输出不同的结果，所以区块链技术必须有自己的虚拟机。虚拟机是实现智能合约系统最为关键的技术，智能合约不仅是业务逻辑的载体，同时又扎扎实实地落在了技术实现的层面。区块链系统需要共识机制，保证所有人输出的计算结果是一致的。以比特币举例，A 将 BTC 发送至 B，为了实现智能合约，将自动交易转化成代码，区块链虚拟机所承担的主要任务是运行智能合约。本质上，区块链虚拟机就是一个代码的运行环境，从而保证区块链网络中分布式节点的一致性。但是传统的虚拟机由于受到底层硬件的限制，可能会输出不同的结果，所以区块链技术必须有自己的虚拟机。以太坊之所以选择写一套新语言 Solidity，就是为了能实现智能合约代码的一致性。目前常见的是以太坊虚拟机（Ethereum Virtual Machine，EVM），EVM 是进程 VM，是一个轻量级的虚拟机，为了在以太坊网络上运行智能合约。从安全性考虑，功能越强大的智能合约，逻辑越复杂，也越容易出现逻辑上的漏洞。在区块链中，虚拟机如果是从安全性方面考虑。一方面是为了防止不法分子或者程序员的编写代码出现错误影响到了整个主链，更重要的是防止运行智能合约的设备遭受攻击，如果直接运行在设备系统上，可能会有安全隐患。因为每个节点都要运行智能合约进行验证，但如果不用虚拟机，而是在机器上直接运行，当智能合约开发者疏忽或测试不充分，而造成智能合约的代码有漏洞时，就非常容易被黑客利用并遭到攻击。由此可见，虚拟机是区块链技术落地的基石，在如今技术快速发展乃至未来，区块链技术都将离不开虚拟机的支撑。

5.1.2 区块链的核心能力

以下是区块链技术的几项核心能力。

1. 存储数据

区块链技术的去中心化并不是指用了区块链技术中心就消失了，而是用多个节点共识的方式取代了传统中心一个人说了算的情况。于是，去掉的是“中心化”而不是“中心”本身。具体到数据，数据实际上是存储在所有参与共识的节点，所以单说数据量，是比传统中心要更大了，因为增加了冗余。数据是数字经济发展的重要驱动力，为了最大限度地开发其潜在价值，需要广泛共享。区块链技术因其去中心化、匿名化、防篡改、可溯源的特性能够有效解决这些问题，重构传统生产关系。

2. 分布式

当前的存储大多为中心化存储，存储在传统的中心化服务器。如果服务器出现宕机或者故障，或者服务器停止运营，则很多数据就会丢失。例如，很多人会把数据存储在网上，但是某天打开后，网页呈现 404，则表示存储的数据已经不见了。区块链作为一个分布式的数据库，能够很好地解决这方面的问题，这是由区块链的技术特征决定的。区块链上的数字记录，难以篡改、难以伪造，智能合约让大家更高效地协同起来，从而建立可信的数字经济秩序，能够提高数据流转效率，打破数据孤岛，打造全新的存储模式。利用区块链的分布式存储，能够实现真正的生态大数据安全存储。首先，数据永不丢失。这点对于生态大数据的历史数据特别友好，方便新旧数据的调用和对比。其次，数据不易被泄露或者攻击。因为数据采取的是分布式存储，如果遭遇攻击，也只能得到存储在部分节点里的数据碎片，无法获得完整的数据信息或者数据段。

3. 防篡改与保护隐私

由于采用密码学原理将数据上链，且后一个区块包含前一个区块的时间戳，按时间顺序排序，因此区块链技术可以具备难以篡改或者篡改成本非常高的特性。难以篡改意味着一旦数据写入区块链，任何人都无法轻易擅自更改数据信息。之所以说篡改成本十分高昂，是因为只有掌握整个系统 51%的节点，才能对区块链信息进行更改。但由于整个区块链系统节点众多，要实现大部分节点同时作恶，成本是高昂的。也正因如此，区块链能确保数据的完整性、真实性和安全性。达成共识后记录到区块链中的信息是难以篡改的，或者说对它的信息的所有变动都是留有修改痕迹的，这也是对区块链技术的一个普遍认同的认知。难以篡改特性是区块链的信任来源之一，现在很多应用设想就是利用这一特性，将区块链技术用到农产品溯源、进口商品溯源等方面，如京东联合生鲜领域的品牌厂商建立了“京东区块链防伪追溯平台”、阿里系的菜鸟网络和天猫国际用区块链的这一特性来记录跨境进口商品的物流全链路信息。

4. 数字化合约

智能合约是一种旨在以信息化方式传播、验证或执行合同的计算机协议。就像一种大家把规则都制定好，由机器自动去执行的技术。因为网络中存储和维护好的数据，总需要有人去执行，而智能合约正好可以在没有第三方的情况下，也能进行可信的交易，而且这些交易可追踪且不可逆转。所以，智能合约在系统中，主要起到了数据的执行作用。如果说数据、网络和共识 3 层，分别承担了区块链底层数据表示、数据传播和数据验证功能，合约层则是封装各类脚本代码、算法以及更为复杂的智能合约，是区块链系统实现灵活编程和操作数据的基础。作为一种自我执行的协议，智能合约被嵌入区块链的计算机代码中。该代码包含一组规则，在这些规则下，智能合约的各方同意彼此进行交互，且如果满足预定义的规则，协议将自动执行。由此，智能合约提供了有效管理权益资产及多方之间访问权的机制。

5.2　区块链是互联网数据传输的升级

在全球信息化进入跨界融合、系统创新、智能引领的今天，我国正在大力推进新时代网络强国、数字中国、智慧社会的建设，因此，必须把握好新一轮科技革命和产业革命的历史契机，做大做强数字经济，以信息化培育新动能，用新动能推动新发展。区块链技术的应用将实现从信息互联网向价值互联网的转变，代表了新一代互联网技术应用的发展方向。

区块链技术说起来很简单，就是基于互联网的一种新型数据存储和传输方式。但不要小看数据的传输和存储，人类历史上，每次信息化革命均是通过改变信息的存储方式和传输方式，从而提升生产力，推动社会进步。

人类最早的信息化革命是语言的产生。30 万年前，人类的喉骨进化上升，为后续产生复杂的语言系统提供了可能。语言就是标准的数据传输方式，可以把我们想的信息表达出来，传递给他人。通过语言交流的信息越来越多，就有了对信息数据的存储需求，因而产生了文字。文字就是一种数据的存储技术。当文字积累得越来越多，文字的传递就变得效率很低，通常几天才能传递几百千米。100 多年前，人类社会产生了电话和电报，使得文字和语言数据可以在数秒间进行长距离传输。这是一次伟大的信息化革命，从本质上改变了人类社会很多生产关系和商业逻辑。信息传输变快，就又对数据的存储有了新需求。70 多年前，计算机的出现，让数据可以以二进制的方式进行大规模存储和计算。今天，我们用一个 U 盘就能存下来一个图书馆的数据。同样的规律又发生了，计算机上数据越来越多，数据的传输成为新的问题。20 世纪 90 年代，为了能够把大量数据从一台计算机传递到另外一台计算机，最有效的方式是通过刻录光盘，再以邮寄的方式传递。互联网的出现和普及是又一次数据传输上的信息化革命。互联网技术非常简单，通过 TCP/IP，两台计算机之间就可以进行秒级数据传输。但就这样一个简单的技术，彻底改变了人类社会和几乎所有的商业行为。区块链则是另外一次信息化革命，它的本质是互联网数据传输和存储方式的一种升级，优化和弥补了很多互联网传输上的瑕疵和问题，这也是为什么区块链经常被称为第二代专业互联网和价值互联网。

区块链技术跟互联网技术一样，都是非常底层的技术架构，普通 C 端用户根本接触不到。现实世界中，人人都在说互联网，但实际上绝大多数人从来就没有使用过互联网，其实，大家每天使用的都是应用，应用开发者和应用公司在使用互联网。C 端用户根本不会在乎应用数据是怎么传输的、数据库是怎么设计的、网络环境是如何搭建的。区块链技术也一样，是个非常底层的技术，普通用户没有感知，也根本接触不到。这就是为什么区块链技术理解起来比较困难。

联盟链的底层技术逻辑就是实时同步的共享账本机制，简单地说，就是共享数据库，主要适用于多方协作的业务。如果某个业务，仅一家公司自己内部在用，也不对外进行数据交互，一般情况下不会使用区块链技术。

为了便于理解区块链的底层逻辑，区块链架构与传统互联网架构对比如图 5-1 所示。

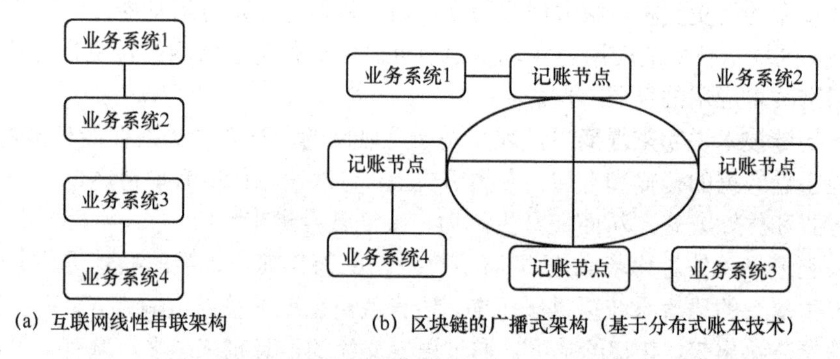

图 5-1　区块链架构与传统互联网架构对比

图 5-1 用互联网原始的数据交互方式和利用区块链结构下的数据交互方式演示了同一个多方协作的业务流程。下面将解释这两者的区别，以及为什么区块链结构更有优势，同时使用电子学上的串联和并联的概念进行一个比较直观的比喻。

现在几乎所有通过互联网进行数据交互的业务流都是串联架构，图 5-1（a）是串联架构的示意图。比较常用的串联架构的业务协作场景例如用微信缴水费，即便是简单的业务，背后的数据传输也十分复杂。当人们在微信上输入自己的水费号码后，点击查询，这个请求在 1s 内，穿越了 6～7 个不同的系统，从微信手机端开始，请求先到了腾讯缴费后台，然后接到了光大银行深圳分行的缴费结算系统，光大银行深圳分行再接到用户所在地的光大分行，光大分行再接到某个中间业务平台，然后再通过专线接到水公司的计费系统内。水公司的系统查到具体金额后，再原路返回，显示到用户的手机屏幕上。如果进行缴费，数据又要经过上述系统。这种串联架构目前是无处不在的，C 端用户感受不到。有些业务有时候要串联几十个系统，也很常见。这种通过互联网的数据串联传输方式，相对区块链来说，是比较陈旧和落后的，有很多缺陷和问题。

图 5-1（b）是同样的业务流，将通过区块链技术形成的结构称为并联架构。每个业务系统都建立了一个同样的共享账本，或者说数据库，账本之间结构和数据格式完全一致。当任何一方的共享账本内因为业务处理而导致数据发生了变化，另外几家的账本会进行实时同步，保证各家的共享账本数据完全一致。这就是区块链的底层数据逻辑，听着很简单，真能产生信息化革命那么大的效果吗？互联网的底层逻辑更简单，就是数据从一台计算机能够以秒级传输到另外一台计算机，改变了人类社会和几乎所有的商业逻辑。

区块链技术的这种并联架构，与互联网的串联架构相比的优势有以下 7 点：降低对账成本、减少开发成本、防止数据造假、便于数据获取、取消中间环节、提升容错能力、扩大监管范围。

第一，降低对账成本。特别是对于有资金往来或关键数据交互的串联业务流，系统之间的两两对账是必不可少的。之所以要对账，是因为双方之间完全不知道对方的数据库结构和数据存储情况。对账就要确认数据传输中间没有出错且没有人作假，大家的数据是一致的。在互联网的串联架构下，只能进行两两对账，如果中间隔了一个或多个业务系统，对账都非常困难。这种串联架构下的两两对账机制，并不能保证没有人作假，因为如果对账没有形成闭环，同时有人瞒上欺下，很多作假行为是很难发现的。即使对账有闭环，也有人可能利用时间差进行获利，这在金融体系内是有可能发生的。另外，对账是一个成本非常高的行为，除了系统之间自动对账外，还牵扯到了很多人为对账，例如，在审计时，给业务方发询证函，就是为了确保业务方系统中的数据与被审计方一致。当同样的业务从互联网串联架构改为区块链并联架构后，整个对账就不存在了。因为实时同步的共享账本机制，不仅业务方的上下游，而且整个业务链条上的所有方的交互数据大家都有，而且是非常全的整套数据。当大家都有所有数据，并且在数据内容和数据结构各方完全一致的情况下，对账就根本不需要了。如果能够把全世界的对账成本降低一半，这就是一个每年百亿美元级的市场。

第二，减少开发成本。互联网串联架构下，业务各方的系统要进行两两之间的数据交互，就必须开发接口。因为各自系统的数据库和数据结构都不相同。接口实际上就是一个小程序，这个程序只能在这两个系统间使用，不能够复用。接口的成本不仅是开发，还有维护。如果一个企业有很多需要与其他方交互的业务，仅接口的开发和维护就需要一个单独的团队。如果把同样的业务从互联网串联改为区块链并联后，至少在这个业务上，无须开发接口。因为共享账本都是关联在各自业务系统内的，只要从业务系统将数据写入共享账本，其他数据传输均由区块链底层机制完成。新的业务方加入，也不需要开发不能复用的接口，而是直接建立已经是标准的共享账本，即可加入流程。跟对账一样，如果能把全世界接口成本降低一半，这又是一个每年百亿美元级的市场。

第三，防止数据造假。前面也提到串联架构下因为每一方均不知道其他方的数据库情况，即便有很完善的对账机制，也不能完全避免某一方在数据的真实性上做手脚。在区块链并联架构下，任何一方的数据发生变化，不论是上下游，还是原本不直接进行数据交互的各方，均能够立即得到更新。这从根本上避免了在这个业务流内任何一方进行数据造假的可能性。这样的机制可以让传统信息化系统节省大量除了对账机制以外的其他防作假的成本，数据可信度有了更大提高。

第四，便于数据获取。在互联网的串联架构下，业务方三要想拿到从业务方一传出的数据，必须基于业务方二的主观意愿。如果因为某些原因，业务方二决定不给业务方三传递数据，则业务流程中断，业务方三没有任何方法拿到数据，解决这个问题只能通过合同或者保证金。而在区块链并联架构下，数据实时在各方之间同步，任何一方获取到数据不再依赖其他方的主观意愿，即发生即所得，大大提高了数据获取效率。这种脱离其他方意愿获取到数据的保证，对很多行业是至关重要的。

第五，取消中间环节。在串联架构下，由于地理位置等原因，整个业务流内有某些方并没有进行数据处理，仅起到将数据从一方传递到另一方的作用。这种业务方称为中间环节，这样的中间环节只在串联架构下有存在意义，如果形成了并联架构，数据传递作用被淡化，中间环节也就没有了存在的意义。中间环节的消失并不是坏事，互联网的产生和普及就让很多中间环节消失了，中间环节的消失代表核心业务方有了更大的盈利空间，可以增加10%～20%的额外收入。

第六，提升容错能力。当很多系统串联在一起进行数据交互，中间任何一个系统宕机，整个业务流完全断掉。这就导致很多信息化系统要进行热备份、冷备份，确保业务不中断，增加大量的额外硬件投入。而区块链并联架构下，任何系统宕机，都不影响其他系统正常处理业务。宕机的系统恢复后，数据自动同步，也不会出现数据丢失情况。区块链技术的普及将减少硬件设备的投入，大大降低信息化系统的运维成本。

第七，扩大监管范围。如果要监管互联网串联架构下的线性数据传输，只能在整个线程的某一个或多个点进行。只要绕过了监管点，很多数据的违规违法情况是监管不到的。区块链的并联架构下，政府对某些行业可以设立监管节点，对整个业务流中的所有交互数据进行全面监管。

以上任何一点在全世界推广普及，都将引起信息化行业的重大变革。综合在一起，让区块链技术称得上是一次信息化革命。这种数据并联架构下的基于共享账本的传输和存储是区块链技术的本质。通常所说的共识、信任、防篡改等，均是在这种底层技术逻辑之上形成的各种应用机制。

5.3 区块链应用场景的识别

并非所有的信息化系统都适合应用区块链技术，不能为了区块链而区块链。根据美国国土安全部科学与技术理事会发布的流程图，我们能够依据这 7 个问题来找到一个适用于区块链技术的应用场景，如图 5-2 所示。

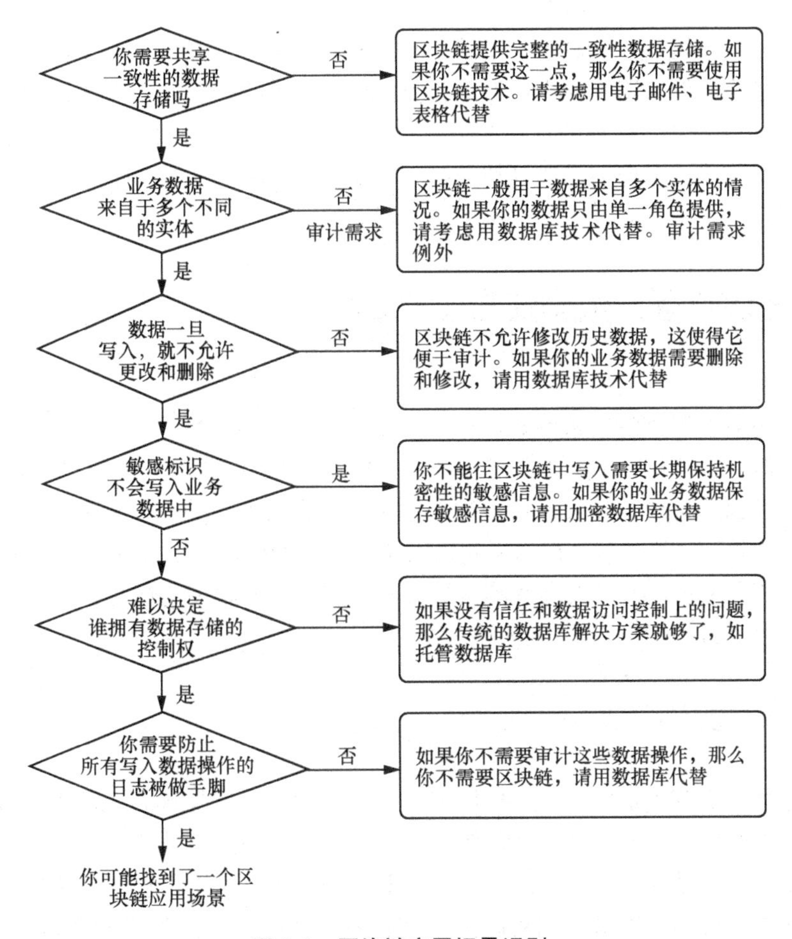

图 5-2 区块链应用场景识别

第 6 章 区块链打造数字经济发展新引擎

本章以区块链技术为核心，阐述其如何作用于数字经济。首先，将从基本概念出发，阐述数据作为第 5 种生产要素带来的影响；其次，以数据资产为切入点介绍区块链对数据经济的影响以及目前数据资产面临的挑战；再次，定义数字经济新基础设施及其构成，并详细描述区块链技术在其中的作用以及影响；最后，详细描述数字治理在区块链技术成为解决方案后产生的问题及措施。

6.1 经济转型：数据成为生产要素

数据是对客观事物的特性、状态以及相互联系的抽象性逻辑归纳。根据取值连续还是离散，数据可分为模拟数据和数字数据，模拟数据是连续变化的值，如温度、声音以及图像等；数字数据是模拟数据量化后得到的离散的值，如计算机中二进制代码表示的数字、符号等。在信息化的今天，人们的生产生活活动都会产生大量数据，包括个人信息、人与人之间的交流信息、产品生产和使用情况等，通过分析这些数据可以更好地指导人们的生产生活。

6.1.1 生产要素概念

近年数字经济飞速发展，在整体国民经济中的占比越来越大，逐渐成为推动社会发展的中坚力量。数字经济这种新型经济形态依靠数据驱动运行，想要发展数字经济就离不开数据原料[1]。2020 年 4 月 9 日，中共中央、国务院印发《关于构建更加完善的要素市场化配置体制机制的意见》，提到了一种全新的生产要素——数据。自此，数据和土地、劳动力、资本等一样，正式在我国被确认为生产要素之一。生产要素是指人类进行生产生活所需要的自然、社会资源，且不论社会生产形态是否改变，生产要素始终不可或缺。《关于构建更加完善的要素市场化配置体制机制的意见》中关于数据主要提出了以下 3 点要求：推进政府数据开放共享；提升社会数据资源价值；加强数据资源整合和安全保护。

数字经济这种新的经济形态依靠数据驱动运行，数据已经成为一种关键性的生产要素。在数字经济的发展过程中，数据起着核心作用，它对一些传统生产要素也产生了深远的影响，展现出其巨大的潜在价值。

由生产要素构成的生产力是社会经济发展的根本动力。传统经济的生产要素主要包括土地、资本、劳动力等。随着科学技术的飞速发展，区块链、大数据、人工智能、云计算等数字技术相继出现，数据也逐渐成为一种全新的生产要素。并且，在数字技术的影响下，传统生产要素发生着巨大的改变。在多种新型生产要素构成的全新生产力的推动下，社会进入了数字经济的新时代。

随着科技的进步，社会正在逐渐数字化，数据这一关键生产要素对经济社会发展起着不可或缺的作用。有了数据，就可以提前进行分析预测，及时规避、消除风险；有了数据，就可以系统地分析用户的需求，根据需求来决定生产，避免产能浪费；有了数据，就可以通过分析来改进技术，提高生产效率，升级产品与服务；有了数据，就可以对很多形势的走向进行预测，提前做好准备与布局。

区块链、云计算、物联网等先进的数字技术与海量的数据相结合，能有效改变旧业态，创造新生态。在数据和数字技术的联合推动下，传统生产要素在积极进行数字化变革，各类传统产业也在向数字化转型，全新的数字化生产方式、商业模式、思维模式以及管理模式竞相出现。不可否认，数据是发展数据经济必不可少的关键生产要素，是数字经济的血液。

6.1.2　传统生产要素数据化

土地、劳动力、资本等传统的生产要素在数字经济浪潮的推动下逐渐进行数字化变革。例如，以土地生产要素为基础的农业，结合大数据、人工智能等数字技术后就会变成“智能农场”“数字农场”，除了产出作物的收入，还能发掘潜在的价值分享效益。一台计算机，以前只能供一个人使用，无用时只能闲置，而进行数字化改革后，却可以在计算机闲置时为其他人提供算力。像零钱这样的少量闲置资本以前只能存放在家里，但在数字化的今天，却可以放在余额宝里产生利息。传统的生产要素经过数字化变革产生的新形式将带来全新的价值，在挖掘这些价值的同时，也要为之采用新模式、制定新规则。数据生产要素的潜在价值可以分为以下 3 个方面。

1. 数据是一种“新资源”

从物理角度来看，数据是对客观世界中的事物的描述与记录。很早以前，数据就在间接地影响着人类的生产生活，例如，从农业角度来讲，种植各种作物的时间、种植密度、生长时间等都可以归类于数据，劳动人民正是运用这些数据来指导农耕劳作，取得了不错的成果。数字技术出现后，数据的作用变得更加突出，并逐渐成为一种新型生产资料，为人类社会发展提供强大动力。数据是无限的、无污染可再生的，数据的生产、获取和使用都不会污染环境、数据资源可以循环使用、旧数据经过处理加工变成新数据等。数据与劳动力、土地、资本等传统生产要素结合，成为推动社会经济发展的关键战略资源。

从数字空间的角度来看，数据是构成一切的基本单元，是虚拟生命的基础，没有数据就没有虚拟世界。如今，人们在虚拟空间里的活动正创造着惊人的财富，而且其创造价值的能力还在持续增强。人们在虚拟世界中产生的数据经过加工处理又成为新资源，推动虚拟世界发展。

2. 数据是一种“新资产”

数据资产是个人、企业以及国家资产的重要组成部分。对于个人而言，一个人的个人信息、生活和学习工作中产生的经验等数据都是个人资产的一部分，是个人未来发展的重要保障。

对于企业而言，在生产、销售、管理等环节都会产生大量的数据，如产品蓝图、用户信息、市场分析等。这些数据能够为企业以后的发展带来可观的经济效益，是企业不可或缺的数字资产。在数字经济飞速发展的今天，一个公司的核心竞争力是由其拥有的数据的规模、质量以及处理这些数据的能力所决定的。

对于国家而言，整个社会每时每刻都在产生大量的数据，这些数据关乎国家经济社会的安全与发展，是重要的国家资产。就像企业一样，数据的规模、质量以及处理能力也是国家竞争力的重要体现，因此各国都颁发了一系列政策来促进大数据技术的发展。

3. 数据是一种“新资本”

数据已经成为像金融资本一样的资本，能够产生新的服务和产品。随着数字经济的快速发展以及传统经济的数字化改造，市场形态和机制发生了重大变革，数据资本对经济的驱动作用日渐明显。当互联网从消费互联网转换为产业互联网时，数据本身的价值凝聚以及创造尤为重要。数据与互联网技术相结合，在数据资本的推动下，能够重构业务流程、企业结构，进而改造整个产业生态，实现收益的成倍增长。

数据这一新型生产要素以及数字化的传统生产要素，共同构成了新时代的生产力，推动人类社会进入数字经济时代。新生产力必然要与新的生产关系相适应，这是社会发展的必然，也是我国在数字经济新时代迎来的最关键的机遇和挑战。

6.2　数字经济：数字成为增长新动能

随着 5G、大数据、云计算、物联网、人工智能等为代表的新一代信息技术的突飞猛进，数字经济正成为全球经济社会发展的重要引擎。发展数字经济已成为培育新动能、促进新旧动能转换的必由之路和战略抉择。数字经济 3.0 将开启万物互联的新时代，引发生产、生活方式的全面变革。

6.2.1　数字经济 3.0 时代

如果说计算机的出现让人们进入了“0-1”的数字世界，互联网则真正为人类数字经济的蓬勃发展推开大门。近年来，我国在互联网上取得的成就快速推动中国生产力实现质的飞跃。我国正在以数字经济和信息技术为指标，由“网络大国”向“网络强国”进行身份转变。

许多研究认为中国互联网经历了 3 个阶段：20 世纪 90 年代到 21 世纪初期，互联网的应用形态从新浪、网易、搜狐和腾讯四大门户网站到搜索引擎进行过渡；此后的 9 年，互联网的应用形态从搜索引擎转变到社交网络；2010 年至今，互联网迎来移动互联网和自媒体阶段。现阶段，学术界对于数字经济的划分有着不同的立足点与标准。阿里研究院将数字经济划分为以信息技术（Information Technology，IT）为核心的数字经济 1.0 和以数据技术（Data Technology，DT）为核心的数字经济 2.0，阐明我国经济正从数字经济 1.0 时代迈向平台经济体飞速发展的数字经济 2.0 阶段，“数据”开始展现价值并逐渐变为生产生活核心要素。此外，中国信息通信研究院将数字经济划分为消费互联网和传统产业借助互联网技术形成的产业互联网两个阶段，阐述了我国正以发展传统产业为主的数字经济 2.0 迈入以产业互联网为主导的数字经济新阶段。

结合以上观点，可将数字经济发展按照不同信息技术的应用划分为 3 轮递进：一是台式机网络驱动的数字经济 1.0，以移动互联网为核心驱动力的数字经济 2.0，以及结合 5G、人工智能、大数据和区块链等新兴信息技术，即将引领“万物皆数据，万物皆智慧”的数字经济 3.0 时代。

1. 数字经济简介

数字经济是继农业经济和工业经济后的第 3 种经济形态，与前两种经济形态相比，数字经济以信息作为关键的生产要素，其主要载体为现代信息网络，数字基础设施将成为新的基础设施。

数字经济概念的提出可追溯到 1995 年。加拿大经济学家唐•塔普斯科特详细讲解了互联网对经济社会的影响，并提出数字经济的概念。1998 年，美国商务部发布的《浮现中的数字经济》报告将数字经济的特征概括为“因特网是基础设施，信息技术是先导技术，信息产业是带头和支柱产业，电子商务是经济增长的发动机”。21 世纪初期，美国学者提出数字经济的本质为对信息化的商品及服务进行交易。2008 年国际金融危机爆发后，世界各个国家纷纷制定数字经济战略，希望借此实现经济复苏。随着信息技术的发展，数字经济内涵不断演进。

数字经济是生产力与生产关系的辩证统一，主要包括 3 个部分。一是数字产业化，即信息通信产业，包括电信、信息技术软件、互联网服务产业和电子信息制造业；二是数字治理，即利用数字技术完善治理体系，创新治理模式，提高综合治理能力；三是产业数字化，包括数字技术应用在传统产业上带来的新增产出，其中增长的生产数量和提高的效率是数字经济的重要组成部分。数字经济蓬勃发展，引发了经济社会各个领域的“数字蝶变”，成为各国经济复苏的新动力。

我国近年来也十分重视新一代信息技术发展。2015 年，首次提出“互联网+”的概念。2016 年，《二十国集团数字经济发展与合作倡议》将数字经济定义为“以使用数字化的知识和信息作为关键生产要素、以现代信息网络作为重要载体、以信息通信技术的有效使用作为效率提升和经济结构优化的重要推动力的一系列经济活动”。2017 年，腾讯公司首席执行官马化腾在“两会”期间发言表示，“互联网+”是手段，数字经济是结果，网络强国是目的，三者是一脉相承的。

2016 年，在杭州 G20 峰会上，习近平总书记提出将发展数字经济作为中国创新增长的主要路径，并受到多方的积极响应与支持。2018 年，在全国网络安全和信息化工作会议上，习近平总书记指出要发展数字经济，加快推动数字产业化，依靠信息技术创新驱动，不断催生新产业、新业态、新模式，用新动能推动新发展。要推动产业数字化，利用互联网新技术新应用对传统产业进行全方位、全角度、全链条的改造，提高全要素生产率，释放数字对经济发展的放大、叠加、倍增作用。党的十九大明确提出，要推动互联网、大数据、人工智能和实体经济深度融合。

作为建立在数字技术基础上的经济，数字经济的经济环境和活动与农业经济和工业经济相比有着根本性的改变，经济结构因信息技术发展而优化。2020 年以后，随着 5G、云计算、人工智能、物联网、区块链的发展，我国数字经济已进入遍地开花、快速渗透的阶段，数字经济正引领各地区培育现代经济新动力，促进实体经济转型升级。传统的信息系统将来不仅要上云，而且还要上链，上云的目的是解决算力、可扩展性、高可用性以及容错性等问题，而上链是解决信用、信息可靠性等问题。

2. *数字经济发展演进*

数字经济的发展与信息技术的革新息息相关。数字经济层层递进的 3 个时代有着鲜明的时代特征，占据核心市场的商品和服务各不相同。数字经济 1.0 因通信技术而蓬勃，数字经济 2.0 依靠数据技术将互联网和移动终端合为一体，而数字经济 3.0 是以低时延、高数据速率的 5G 为核心深度融合区块链、人工智能等信息技术打造的支持“网络强国”的新一代数字经济。

（1）数字经济 1.0

数字经济 1.0 时代是从 20 世纪 90 年代持续到 21 世纪 10 年代初由固定宽带引领的 PC 互联网时代。数字经济 1.0 的核心技术是通信技术（Communication Technology，CT），随着基础硬件软件设施和通信链路设施的建立，互联网兴起并得到初步应用，固定电话、台式机进入寻常百姓家。

最早的通信技术产业叫电信业，因为最早的通信是电报和电话，所以被称为电信业务。在数字经济 1.0 时期，移动手机的出现和以运营商、通信制造业等为代表的通信企业的发展占据时代的主要位置。正是此时，致力于为民众提供通信业务的中国移动通信集团公司成立并发展。除了通信业外，几大企业借助信息技术（Information Technology，IT）在数字经济 1.0 时期相继成立。

任何经济的发展都离不开基础设施，数字经济亦是如此。数字经济基础设施主要包括 4 个方面，分别是感知、连接、智能和信任。数据经济 1.0 架构如图 6-1 所示，数字经济 1.0 时代的基础设施在感知层面上主要是以计算机和固定电话为主的感知终端；而连接层面，信息传递的功能由固定宽带、2G 等通信技术承担；在智能方面，企业资源计划（Enterprise Resource Planning，ERP）、客户关系管理（Customer Relationship Management，CRM）、供应链管理（Supply Chain Management，SCM）等系统辅助决策者决策；在信任层面，保证信息安全的重点在于网络安全，即保证物理安全和系统安全，保护网络系统硬件、软件不因偶然的或者恶意的原因而遭到破坏、更改、泄露。保证网络安全主要使用的是防火墙技术及杀毒技术。

<table>
<tr><td>应用层</td><td>门户网站</td><td>社交网络</td><td>电子商务</td><td>网络安全</td></tr>
<tr><td rowspan="3">设施层</td><td>ERP</td><td>CRM</td><td>SCM</td><td rowspan="2">杀毒技术</td></tr>
<tr><td>1G/2G</td><td>固定带宽</td><td>电缆/光缆</td></tr>
<tr><td>计算机</td><td colspan="2">固定电话</td><td>防火墙技术</td></tr>
</table>

图 6-1　数字经济 1.0 架构

数字基础设施的建设及完善逐渐改变了人们的信息获取方式和消费习惯。数字经济 1.0 时期，互联网应用大致经历了从门户网站到搜索引擎再到社交网络的转变。PC 互联网发展起初，以新浪、搜狐、网易、百度为代表的门户网站，实现了人与信息的静态交互。人们的娱乐方式从传统的读书看报、翻阅杂志转向登录门户网站查看线上新闻，如新浪网和网易等网站为人们提供更加具有个性化的信息，纸质媒体受众群体逐渐减少，纸质媒体行业开始衰落。紧接着，腾讯、阿里巴巴、百度相继成立并迅速发展，奠定了 BAT 的基础。淘宝软件有限公司的成立改变了人与商品的交互方式，自此，我国的电子商务产业不断萌芽。自 1999 年，腾讯 QQ 上线，微软 MSN 在我国用户信息交互中所占据的份额逐渐下降，腾讯 QQ 使得用户信息交互速度指数级增长，真正的信息爆炸时代来临。

PC 互联网的发展将人们带入了虚拟世界，移动通信技术也开始崭露头角。从固定电话到手机，爱立信、诺基亚和摩托罗拉占据移动手机市场。移动通信技术已经发展到 2G，开启了手机上网的时代，通话质量得到进一步提升，用户可以使用 2G 手机登录腾讯 QQ 玩游戏，大量用户浏览网页阅读小说。

PC 互联网使生活需求初步线上化，用户可以通过线上身份与外界交流。但在生活变得便利的同时，也存在一定的限制。由于此时计算机的不可移动性，许多事情必须在计算机端完成，人们只能在办公室、家中或者网吧等才能使用在线应用，使用地点受到一定限制。因此，人们存在“线上”和“线下”两种模式，又可以理解为“在线”和“离线”，离线时则不能随时随地享受线上模式带来的便利。

（2）数字经济 2.0

数字经济 2.0 从 21 世纪初期持续到 2020 年，是由 3G/4G 为核心的移动通信技术引领的移动互联网时代。数字经济 2.0 时代的核心是 IT 与 DT 的深度结合，在数字经济 2.0 时代，IT 得到广泛应用，DT 开始发挥价值。在数字经济 1.0 时代，社会资源不断集中，使强人变得更强，不免造成“贫富分化”。在数字经济 2.0 时代，平台经济开始占据主导地位，数据广泛应用到社会资源的调度与整合中，如菜鸟智慧仓物流调度、滴滴打车调度等。互联网把各种资源广泛分散到整个网络的终端，更加注重对个体的投入。

在这个阶段，移动通信终端与互联网相结合。数字经济 2.0 架构如图 6-2 所示，由负责感知、连接的基础设施、应用层和信息安全 3 个方面组成。感知终端改变为智能手机、平板计算机或其他无线终端设备。3G/4G、Wi-Fi 等通信技术开始承担连接的功能。通过较高传输速率的通信网络，在移动状态下，移动终端实现随时随地获取海量信息。

<table>
<tr><td rowspan="2">应用层</td><td>手机游戏</td><td>线上支付</td><td>电子商务</td><td>信息安全</td></tr>
<tr><td>社交网络</td><td>语音识别</td><td>共享经济</td><td rowspan="4">密码技术</td></tr>
<tr><td rowspan="3">设施层</td><td>大数据</td><td>人工智能</td><td>云平台</td></tr>
<tr><td>3G/4G</td><td>Wi-Fi</td><td>电缆/光缆</td></tr>
<tr><td>智能手机</td><td>平板计算机</td><td>传感器</td></tr>
</table>

图 6-2　数字经济 2.0 架构

数字经济 2.0 时代，人工智能技术开始应用于商业领域，但此时人工智能的应用仍处于发展初期，只能取代人力应用在特定的工作空间。语音识别作为人工智能的入门功能，取得了重大突破。在互联网安全这一方面，相较于数字经济 1.0 时代对物理安全和系统安全的重视，数据安全在此阶段成为人们关注的焦点。人们开始逐渐注意并重视个人数据信息安全问题。

移动互联网渗透到生活的每一部分，丰富了产品样式和形态。线上应用重点从计算机侧过渡到移动端，各种软件层出不穷。人们可以使用手机、平板计算机等移动设备浏览新闻。热门游戏的市场份额逐渐被手机游戏占据。在线搜索、线上图书馆、移动电视、音乐播放器、在线阅读等移动互联网应用成为常态。在线社交软件的应用极大地革新了用户信息交互的方式，拓展了人们的沟通范围。移动支付体系、消费模式因移动支付的普及而改革，移动购物以个性化、灵活与便捷等特点受到大众的追捧。2019 年，阿里巴巴集团内电商平台总销售额达到 3234 亿元。2020 年，全网移动购物平台“618”期间总销售额高达 4573.7 亿元。同时，将线上模式与线下资源整合的生活类应用崛起；云计算、大数据等信息技术运用到电子商务领域，使得线上线下逐步一体化。

移动互联网渗透到了生活的各个部分，丰富了产品形态。娱乐方面，手机线上应用重点从计算机端过渡到移动端，各类软件层出不穷。人们可以使用手机、平板计算机等移动终端设备浏览新闻，还可以使用各种移动互联网应用，如在线搜索、在线聊天、移动网游、手机电视、在线阅读、收听及下载音乐等。线上应用极大地扩展了人们的交际范围，在社交网络中，各种信息、观点时刻在进行交流与碰撞。

在数字经济 2.0 时代，出现了多种经济类型，如共享经济。共享单车、共享汽车等采用物联网和大数据技术，实现扫码开锁、远程查看附近可用共享车辆等功能。

在数字经济 2.0 时代，人们可以控制生活的一切，世界掌握在人们手中。人们必须使用计算机才能做到的事情越来越少，很多事情都可以在智能手机上随时完成。当然，仍有一部分涉及复杂工程设计图、版图的软件只能在计算机上运行。此外，在数字经济 2.0 时代，“数据”的价值开始显现，人们花费大量时间通过网络交互、移动交互收集数据。而这样难免使得获取数据效率较低，因此，结合云计算、人工智能、5G 等技术的数字经济 3.0 时代将要来临。

（3）数字经济 3.0

数字经济 3.0 是由 5G/6G、云计算、人工智能、区块链技术等为代表所引发的智慧化、数字化新时代。DICT 作为数据技术（DT）和信息通信技术（Information and Communication Technology，ICT）的深度融合，与区块链技术相交融作为引领数字经济 3.0 的核心驱动力。

我国数字经济正进入快速发展的新阶段。现在 5G 代表了新一代网络技术，无人驾驶车辆等智能终端的创新应用不断涌现。区块链、大数据、人工智能和实体经济的深度融合，已成为高质量经济发展的重要支撑。数字经济 3.0 时代是万物皆数据的时代，万物互联、万物可信，数据不必抽象转换就可以发布到云端，数据生产的速度和质量大大提高。区块链技术是第四次工业革命的核心组成部分，也是数字经济 3.0 发展的基础设施。

①“4 个泛在”

以 5G、物理网、云计算、人工智能等为代表的数字技术基础设施为数字经济 3.0 时代经济发展提供高可用性、高经济性、高可靠性的技术支撑，推动人类社会进入一个感知泛在、连接泛在、智能泛在、信任泛在的时代。

“4 个泛在”无处不在。数字经济 3.0 架构如图 6-3 所示，在感知终端上将转变为 VR/AR、无人机、机器人等多形态感知设备，形成“感知泛在”；而连接层面，信息传递的功能由 5G/6G 等通信技术承担，实现万物互联 / 天地一体，形成“连接泛在”；在智能方面，由人工智能、物联网、云计算和边缘计算等手段实现，赋能社会的各种领域，解放大量劳动力，使得生活更加便捷，形成“智能泛在”；去中心化、由全体用户共同监督的区块链能够确保数据安全可靠，网络空间安全也逐渐得到用户的关注，两者结合形成“信任泛在”。

<table>
<tr><td rowspan="2">应用层</td><td colspan="2">智慧家居</td><td colspan="2">智慧医疗</td><td>智慧交通</td><td>数据安全</td></tr>
<tr><td colspan="2">智慧安防</td><td colspan="2">智慧工厂</td><td>智慧园区</td><td rowspan="2">信任泛在</td></tr>
<tr><td rowspan="3">设施层</td><td>智能泛在</td><td>大数据</td><td>人工智能</td><td>云计算</td><td>物联网</td></tr>
<tr><td>连接泛在</td><td>5G/6G</td><td colspan="2">Wi-Fi</td><td>IPv6</td><td rowspan="2">区块链技术</td></tr>
<tr><td>感知泛在</td><td>智能传感器</td><td colspan="2">智能手机</td><td>VR/AR</td></tr>
</table>

图 6-3　数字经济 3.0 架构

不同于移动互联网所带来的在生活领域中的改变，5G 将融合物联网等技术深入社会的方方面面。人工智能无处不在，解放人脑，驱动着比特+原子+生物世界三者融合的新世界，实现万物互联。人与人、人与物、物与物之间都能够随时随地地无缝连接，开放、开源的技术生态将成为主流，曾经的垄断局面将不再存在。数字经济是新实体经济，各行各业都会融合信息通信技术进而增加产出。人工智能、5G、区块链等新一代技术为数字经济发展的新引擎赋能，实体经济转型，智能化覆盖生活、生产、民生和社会治理等各个领域，智慧园区、智慧家居、智慧工厂、智慧医疗、智慧安防和智慧交通等设施层出不穷。

数字经济不同时代对比如图 6-4 所示，从 1G/2G 到 3G/4G，到可实现万物互联的 5G/6G，核心技术和信息基础设施的变化，导致了经济业态的变化。数字经济

3.0 将促进生活领域到产业领域的改变，一切都能被感知，一切都是在线的，一切都是数据的，一切都是智能的，一切都是可信任的。与此同时，商业的运行机制（商业模式和组织模式等）也在发生变化。

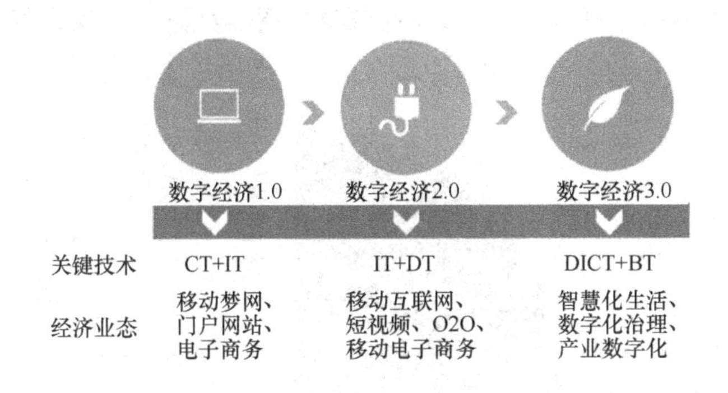

图 6-4　数字经济不同时代对比

② C2B 商业模式

消费者到企业（Customer to Business，C2B）模式是由阿里巴巴首创的新型商业范式。C2B 是指先有消费者提出需求，后有企业按需设计生产消费品的一种以消费者为中心的模式。在工业经济时代，多以厂商为中心，以供给创造需求。价值链上各个环节的权利发生改变，互联网为消费者“赋能”，使得消费者处在经济活动的中心。厂商的需求由消费需求驱动。企业将不再是单一封闭的企业，在数字经济 3.0 时代，互联网将企业联合成为开放式平台。未来，在云计算、大数据、物联网等技术的沃土下，定制化生产、个性化营销和共创供应链不断演绎、相互配合，将成为推动 C2B 模式的中坚力量。

在组织形式方面，开放的平台将引领未来的发展。在数字经济 1.0 时代，大部分公司的组织形式为传统金字塔式科层制组织，传统产业以明确分工为主，按照规章制度办事，申请申报需要层层报备、按层审批。在数字经济 2.0 时代，公司主要以扁平化组织为主，将 1.0 时代的纵向上下级联系方式革新为横向联系以及组织体系内部与外部的联系，大大提高了公司的运行效率。而在数字经济 3.0 时代，平台作为服务与核心运营管理职能的支撑单元，使得单元的价值创造效率最大化。

3. 我国数字经济的发展

随着科技革新，我国数字经济发展极快，传统产业数字化转型发展迅速。政府大力扶持新兴数字企业，这些数字企业发展日新月异，许多规模、效率都非常突出的企业出现在人们视野当中。2018 年，美国、日本和中国的数字企业占到全球数字经济企业竞争力百强中的 70%～80%[2]。其中，美国苹果公司占据第一，在规模竞争力和创新竞争力两方面都比较优秀，这一年也是苹果公司市值超过 1 万亿美元的一年，具有里程碑意义。而我国的华为技术有限公司，在成长竞争力和创新竞争力中处于领先地位，有着较好前景。当然，仍有许多国内新上市公司的发展势头非常可观。2019 年全球数字企业综合竞争力百强的国家分布如图 6-5 所示，美国仍然处于数字经济发展的全球领先地位，我国在榜企业数量有 14 家，排名第二，超越了日本。

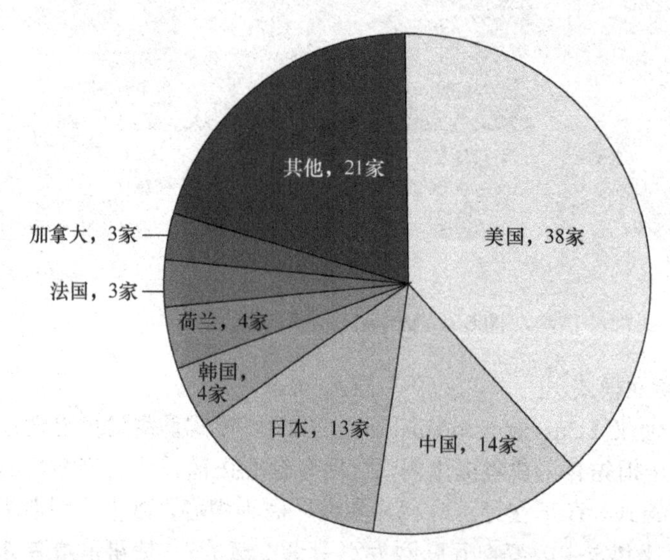

图 6-5　2019 年全球数字企业综合竞争力百强的国家分布

6.2.2　数字经济新基础设施

“新基础设施建设直接关系着未来的国计民生，是名副其实的‘国之重器’。”互联网真正打开了数字经济的大门，移动互联网丰富了数字经济的生活应用，进入数字经济 3.0 时代，实现万物数据化、万物智慧化。移动通信技术见证了数字经济的发展，因此，数字经济的发展与信息基础设施的发展是不可分离的。数字经济 3.0 时代，数字经济基础设施突破了传统通信网络的局限，人工智能、云计算、区块链等新一代信息数据技术已成为重要的基础设施。随着数字经济在国民经济中所占份额的不断提高，数字经济基础设施不仅成为推动数字经济发展的重要组成部分，还协助铁路、电力、公路、港口等传统基础设施进行数字化发展。数字经济基础设施成为推动经济增长的重要力量，而且成为推动社会发展的核心基础设施。

2020 年上半年，信息化、数字化、智能化的消费场景迅速步入人们的日常生活。“新基建”现已纳入国家战略，我国积极推进数字产业化、产业数字化，引导实体经济和数字经济的深度融合，促进优质经济发展。作为数字经济的核心，新的基础设施为国民经济的数字化转型注入了新的动力。

本节将以数字经济新基础设施为核心，阐述其如何作用于数字经济。首先，将从基本概念出发，定义数字经济新基础设施及其构成；其次，以数字经济新型基础设施的构成为基础，详细描述 5G、人工智能、工业互联网以及区块链，进一步阐述数字经济新基础设施；最后，从整体的角度出发，阐述数字经济新基础设施之间如何联系并如何产生新产业、新模式、新业态。

1. 数字经济 3.0 与新基建

从工业革命发展的进程看，我国正迎来传统生产模式到自动化生产模式的变革，全球将进入数字化和智能化时代。近年来，受到新冠病毒疫情的影响，传统经济模式发展受挫。同时，面对国内外风险挑战的复杂局面，我国必须坚持稳中求进的工作基调，培育新的发展方式和发展动能，推动经济高质量发展。因此，“新基建”的重要性不言而喻，我国经济发展进入新阶段。

2018 年 12 月，中央经济工作会议首次提出“新基建”（即新型基础设施）概念。2020 年 4 月 20 日，国家发展和改革委员会首次明确了“新基建”的范围，包括信息基础设施、融合基础设施、创新基础设施 3 个方面。其中，信息基础设施包括以 5G、物联网、工业互联网、卫星互联网为代表的通信网络基础设施，以人工智能、云计算、区块链等为代表的新技术基础设施，以数据中心、智能计算中心为代表的算力基础设施。根据国家发展和改革委员会的要求，未来三到五年，我国基础设施建设要坚持齐头并进的原则，一要加强新型基础设施建设，二要做好城乡和农村基础设施建设，三要做好能源、水利、交通、市政等重大基础设施的数字化升级建设。现阶段，中国传统基础设施建设已趋于成熟，为充分发挥投资效能，要正确处理新型基础设施建设与传统基础设施建设之间的关系，做好两者之间的融合与改造。

与传统的基础设施不同，数字经济 3.0 时代的新基建越过网络基础设施的界限，将云计算、区块链、大数据和人工智能等技术结合起来，提供数据感知、计算、存储、安全、传输等方面的能力。新型基础设施是面向经济高质量发展需求，以新发展理念为引领，以信息网络为基础，以技术创新为驱动，提供融合创新、智能升级、数字转型等服务的基础设施体系。新型基础设施主要包括 3 个方面的内容：一是以新型通信网络基础设施、算力基础设施为代表的新一代信息基础设施；二是互联网、大数据、人工智能等技术的深度应用，支撑传统产业数字化转型升级形成的智能融合基础设施；三是目标为科学研究开发、产品研制的公益性质基础设施。

新基建是构筑数字经济创新发展之基，是培育新动能、推动国家发展方式转变的关键力量。短期内，新基建将稳定投资、促进消费、增加就业机会，应对全球经济下行形势所带来的压力。在投资方面，2020 年，三大运营商 5G 建设投资约 1800 亿元，预计到 2025 年将会达到 1.2 万亿元。《浙江省新型基础设施建设三年行动计划》指出，未来三年浙江省将投资近 1 万亿元在新基建方向，2022 年建成 5G 基站 12 万个以上。在促消费方面，据中国信息通信研究院数据，预计到 2025 年新基建将给我国创造 8.3 万亿元信息消费，其中 4.5 万亿元消费在手机终端。在就业方面，2020 年，工业互联网将会创造 255 万个就业岗位，5G 到 2025 年将会创造 300 万个就业岗位。长期来看，新基建能够促进我国经济向着高质量发展稳步前行，能够推进国家治理能力现代化。

根据“4 个泛在”，可将数字新基建分为感知层、连接层、智能层和信任层 4 个层次。感知层的主要功能为初步处理大数据，包括智能化感知、识别、传输海量数据，其功能的实现由智能穿戴设备、智能监控设备、智能传感器等智能终端设备完成。连接层实现对数据的传递以及对万物的连接沟通，此层次的新基建主要包括新一代移动通信网络 5G/6G、IPv6 等。智能层主要对云端数据进行存储和计算，实现对数据的高效处理，主要基础设施建设包括大数据中心、人工智能、云计算等。感知层、连接层、智能层深度融合、协同创新，加速推动感知泛在、连接泛在、智能泛在。信任层贯穿于感知层、连接层和智能层中，融合网络安全技术，并不是独立存在，信任层技术包括传统防火墙、防攻击技术，同样也包括能够保证交易安全可信、贯穿数据流动各个环节中的新一代区块链技术，实现信任泛在。

目前数字经济 3.0 时代新基建仅搭建了关于核心技术的大框架，其中的技术应用将会随着后续新业态的展开更加细化。新基建为后续数字经济 3.0“4 个泛在”的实现打下基础，其内涵将会分别在 4 个层次内丰富，并产生更加明晰的外延。

2. *数字经济基础设施新引擎*

作为发展数字经济 3.0 的新引擎，新基建包含应用大数据、人工智能、物联网、区块链、5G 为代表的信息技术和云计算等通用技术的基础设施。下面将就万物互联的 5G 通信、人工智能、工业互联网和区块链 4 个技术进行展开。其中高质量 5G 网络负责数据的无延迟传输与分配；人工智能技术结合数据、算力及算法，存储、运算、分析数据并进行决策；工业互联网连接人、机器和数据，将互联网思维渗透到工业中；区块链作为实现信任泛在的基石，始终贯穿数据从设计研发到应用的过程。

（1）5G，万物互联

通信基础设施的建设使得信息互联网时代能够高速发展，为数字经济 3.0 发展提供了底层支持。我国的通信基础设施覆盖广泛，通信性能得到改善。在从 3G 和 4G 通信技术为核心的数字经济 2.0 时代，移动互联网产业蓬勃发展，大量生活类 App 诞生并迅速占据一定市场份额。而随着通用技术的发展，我国 5G 通信投入商用并在全国处于领先地位，万物互联的时代即将到来。毋庸置疑，5G 将成为拉动我国经济增长、成为我国在全球高科技发展领域换道超车的重要推动力。

5G 通信使得万物互联成为现实，每个网络用户时时刻刻都在被量化成为数据。移动互联网摆脱了用户使用网络时间地点的约束，互联网的应用场景被大幅度扩大，产生社会新业态。5G 的数据传输速率是 4G 网络的 10 倍，高达 1000Mbit/s。5G 具有大带宽、低时延、高可靠性等优点。因此，用户间的通信体验极佳，视频的交互更加清晰；智能终端间的连接用户数量成倍增加，数据传输速率更快；低时延使得车联网、智能机器人医疗等领域的发展更加完善。

5G 通信技术将从产业端和消费端两方面带给数字经济全面升级。数字经济 3.0 时代中新消费和新经济的产生都需要建立在 5G 通信的低时延、大带宽特性上。5G 带给消费端的不仅是网络速率的提升，还有如 VR、超高清视频、智能车辆、智能家居等更高层次的用户体验，促进信息消费，带来全新消费产业革命。在产业端方面，5G 环境催生数字经济 3.0 新业态和新模式。5G 联合人工智能、工业互联网、大数据等新基建，带动产业链创新，推动传统产业数字化、智能化、网络化，培育新型互联网产业及平台，构建智慧社会。

（2）人工智能让智能无处不及

人工智能（Artificial Intelligence，AI）是研究和开发用于模拟和扩展人类智能的理论方法、技术及应用系统的一门新兴科学技术。AI 自产生以来，理论、技术及算法日益成熟，人机交互的方式正在改变，人工智能技术已经开始应用于数字经济 3.0 的各个领域，引领全产业链的智能化变革。

人工智能由数据、算力和算法三大要素共同驱动，面向社会提供低成本、开放式人工智能技术产品。数据是基础，是人工智能学习的资源；算力是保障，是机器的运算能力；算法是核心，是 AI 学习的方法，三者相互依存，缺一不可。

如今，得益于数据、算力和算法的发展，人工智能正向专有人工智能和通用人工智能演进。人工智能按照演进过程可以分为专有人工智能、通用人工智能和超级人工智能 3 个阶段。专有人工智能是指可以代替人力处理某一特定领域的工作，就像 AlphaGo 战胜国手，但它只在围棋领域内非常精通，并不能很好地完成其他事情。通用人工智能是指拥有和人类一样智能水平的人工智能，可以完成生活中的大部分工作。当人工智能发展到超级人工智能阶段的时候，人工智能就会像人类一样可以通过采集器、网络进行学习，甚至不再局限于模拟人类的行为，达到可以预测并改变用户行为的程度，更好、更有创意地解决人难以解决的问题。

人工智能成为科技巨头的业务核心，中国人工智能产业近几年也投入大量资源，发展迅速。根据国务院印发的《新一代人工智能发展规划》，到 2025 年，我国人工智能核心产业规模预计超过 4000 亿元。人工智能是引领未来的战略支点，是新一轮全球产业变革的核心驱动力。人工智能产业的发展将带动未来的新产品、新产业、新技术、新模式，智能医疗、智能城市、智能交通等领域的发展，深刻改变人类生产生活方式和思维模式，促进社会生产力的整体跃升。同时人工智能将有效提升社会劳动生产率，改变就业结构，创造更多岗位，有效优化产品服务质量，为人类生产生活带来革命性转变。

（3）工业互联网加速产业数字化转型

工业互联网是通过网络、平台、安全三大体系来连接人、机器、数据的新型网络基础设施，将互联网思维渗透进产品的研发设计、生产制造、应用服务等过程。工业互联网是支撑产业数字化发展的重要基础，是新工业革命的关键支撑，是新一代信息技术与制造业深度融合所形成的新兴业态和应用模式，是互联网从消费领域向生产领域、从虚拟经济发展到实体经济的重要基石。

工业互联网分成生产层面的工业互联网、产品层面的工业互联网和商务平台层面的工业互联网 3 个部分。第一部分为“智能工厂”，由分布在生产车间的生产装备、智能仪器仪表、智能机器人以及分布控制系统、现场控制系统、可编程逻辑控制器和各种工业传感器等部件联网组成。第二部分是“智慧产品”，重点是发展智能家电、智能汽车等产品，使得传统产品连接互联网、拥有数据通信的功能，推进传统工业产品数字化、智能化、网络化。第三部分为“智能平台”，通过互联网实现前台接单和后台生产的有机结合，包括支撑工业企业研发、生产、销售等全场景在全生命周期内所需要的各种系统。

工业互联网作为第四次工业革命的重要基石，近年我国十分重视该领域的发展，政府、企业都投入良多。2019 年，中国工业互联网相关产业销售额高达 6109 亿元，较 2018 年增长 14%。如果说过去的时代是消费互联网时代，那么 5G、人工智能等技术带来的万物互联时代将引发产业的变革。马化腾提出“工业互联网是产业互联网的主战场”，工业互联网的发展必将重构传统工业制造体系，带动中国经济的发展。

（4）区块链构建更具信任的第五空间

随着 5G 开启万物互联时代，数据信息爆发式增长，数据安全需要各方共同协作守护、共筑防线，新的信任机制尤为重要。Satoshi Nakamoto 在 2008 年发表《比特币：一种点对点的电子现金系统》，奠定了区块链技术在网络空间的重要地位。网络空间作为继海、陆、空、天之后的“第五空间”，网络对人类文明进步的推动是革命性的，网络空间安全已经上升到维护国家安全的地步。与传统信任体制不同，区块链技术创建了基于公认算法的新兴信任机制，带来建立信任的范式转变。

中国信息通信研究院发布的《区块链白皮书（2019 年）》对区块链的定义是：区块链是一种由多方共同维护，使用密码学保证传输和访问安全，能够实现数据一致存储、难以篡改的记账技术。区块链技术以其分布式数据存储、共识机制、加密算法等技术，去中心化、自治性、安全性、智能化、隐私性等特点，被认为是创造信任的基石。由于区块链算法的特殊性，即使网络中存在恶意节点，各用户仍能达成共识，正确处理业务。区块链主要运用分布式账本、非对称加密、共识机制、智能合约等技术。

2019 年，习近平总书记在中共中央政治局第十八次集体学习时强调，“把区块链作为核心技术自主创新的重要突破口，明确主攻方向，加大投入力度，着力攻克一批关键核心技术，加快推动区块链技术和产业创新发展”。我国区块链产业链条已逐步形成。政府以及各领域公司协同推进区块链产业发展，大力发展完善上游硬件制造、安全服务和下游产品技术应用服务相关设施。有关部门贯彻落实政策，要在人工智能、区块链、能源互联网等交叉融合领域构建产业创新中心，培育和发展区块链产业。

区块链起源于金融业，目前已应用于生产、生活、治理等领域。区块链+政务服务、区块链+物流、区块链+食品安全等创新应用已表现出蓬勃生机。在 5G 时代，区块链的价值正在不断被发掘，网络技术与区块链深度的融合将构建更安全、更具信任的第五空间。与区块链相关技术能够推动互联网信息数据记录、传播及存储管理方式变革，重塑现有的产业组织模式，大大降低信用成本，提高交易效率，创造新的信任机制，构筑更加安全的网络空间。

近年来，我国区块链行业发展迅速。截至 2019 年年底，我国区块链市场规模增加至 12 亿元，提供区块链相关服务的企业数量达到 1000 余家。2020 年，我国区块链标准规范将更加完善、技术持续创新发展、重点领域应用示范效应加速显现，产业规模持续增长。截至 2020 年上半年，阿里巴巴申请区块链相关专利 1400 多件，位列全球第一，涉及保险、信息追溯等应用环境。腾讯将 TrustSQL 核心技术应用于供应链金融、医疗、法务存证、公益寻人等领域，构建区块链服务平台。京东为精确追溯商品，解决参与交易各方信任问题，利用区块链特性建立“京东智臻区块链防伪追溯服务平台”。企业层面，腾讯区块链 TBaaS 平台、阿里云 BaaS 平台、华为云 BCS 平台、百度智能云 BaaS 平台、京东智臻链 BaaS 平台等区块链服务平台相继建成；行业组织层面，由国家信息中心、中国银联股份有限公司、中国移动通信集团有限公司等单位发起的区块链服务网络发展联盟，主导区块链服务网络（Blockchain based Service Network，BSN）的建设运营，已于 2020 年 4 月 25 日正式发布并公测；此外，工业和信息化部也着手建设区块链公共服务平台，计划筹建面向区块链创新应用的工业互链网公共服务平台。

3. 数字经济基础设施运行机制

数字基建需要多种底层技术不断高效协同，才能赋能各类主体创造价值。数字基建“赋能”的过程，就如同人类与外界发生联系的过程，大致要经过信息的获取—传递—存储/决策—输出系列过程。

首先，通过 MEMS 传感器、智能穿戴设备、GPS、智能监控设备以及各类大数据技术，及时、全面、高效地把海量数据聚集起来。但是对于任何企业、个人或者政府来说，仅获取数据是不够的，任何数据在线化都是手段，并不带来实际价值，最后形成新业态、新模式等的变化，才是最终的目的，这就需要数据的传递、存储、计算以及处理，最终通过产品将数据的价值表现出来。数据的传输是通过通信网络完成的，5G/6G、卫星互联网、千兆光纤宽带等都是信息传递的载体。然后是计算，海量数据的分析需要各种各样的计算资源，包括云计算、边缘计算等。在计算背后，是各种 CPU、操作系统以及数据中心。根据数据做出决策，是数字基建非常重要的环节，这就需要算法的加入，也就是人工智能、数字模型等。计算机通过已获取的信息和各种算法模型确定最优解，也就是决策的过程。数据安全贯穿于数据的获取、传递、计算过程中，数据安全可以通过区块链各种技术以及各种传统的网络安全技术实现。

数字经济基础设施的实时互动，构建出一个数字孪生世界。数字基建实现物理世界与数字世界互联、互通、互操作，构建起虚拟世界对物理世界描述、诊断、预测和决策新体系，并优化物理世界资源配置效率。首先是描述，描述是指描述物理世界发生了什么，交通是否拥堵，机器能否正常运转，然后虚拟世界再通过数据来呈现。第二是诊断，物理世界的各种问题可以在虚拟空间上研究是什么原因造成的。第三是预测，预测未来可能是什么样的。经过描述、诊断和预测后，系统机器可以帮助做出最后的决策。

6.3　区块链经济：数字经济发展新动能

近年来，区块链技术引发了政府、企业和市场的高度关注，掀起了区块链技术研究的热潮，随着探索的深入，人们逐渐将目光转向对区块链经济的研究。区块链经济是区块链技术在经济领域的延伸，引发大量学者研究与探索，提出与区块链经济学相关的问题与思考。将区块链技术应用于各个行业领域，以推动社会变革和发展。区块链技术带来经济组织的变革以及市场经济的发展，将资产区块链化从而促进资产的流通，带来商业模式的革新，加速区块链与经济社会的融合是社会发展的必然趋势，对区块链经济学的深入研究有助于更科学、有效地将区块链应用于经济社会。

中国移动提出“四个数字化创新”，包括数字化网络创新、数字化产品创新、数字化科技创新、数字化生态创新。其中，数字化科技创新中提到要充分发挥科技创新引领作用，积极布局 5G+AICDE、区块链、定位、大视频等融合创新能力体系，表明区块链在经济社会发展中的巨大潜力。

6.3.1　区块链与经济组织

区块链技术由于其在经济活动中提高协作效率、降低交易成本的潜力[3]，学者们在不同的行业中开展了与区块链技术融合的研究，尤其在智能制造、供应链金融、工业互联网等领域，为了实现区块链技术的价值最大化，需要将区块链技术与实体经济深度融合。

1. 经济组织的变革

经济组织是指“如家庭、企业、公司等按一定方式组织生产要素进行生产、经营活动的单位，是一定的社会集团为了保证经济循环系统的正常运行，通过权责分配和相应层次结构所构成的一个完整的有机整体”[4]，通常人们所说经济组织就是企业或公司，但为什么会产生公司、企业，或者说为什么人们通过在这样一种组织框架下从事生产活动？诺贝尔经济学奖得主罗纳德·科斯在1937年撰写的《企业的性质》中提出“交易费用”这一概念，在市场交易的过程中会产生多种与交易相关的成本，而在企业内部的交易成本要低于市场交易成本，因此人们选择加入公司从事经济活动而不是个人直接在市场上进行交易，公司制度积极地推动了人类社会的可扩展性。然而公司的规模并不会无限扩大，因为企业内部存在管理成本，过大的规模导致管理成本剧增，并且员工数量巨大导致工作难以协调，企业内部交易的优势在企业规模过大时将不复存在。

公司的存在为社会创造了大量财富，推动社会经济发展，但是传统的企业均采用中心化的管理模式：在严格的组织形式下人人各司其职，能够快速地进行决策并执行，出现误差可以人为进行修正。中心化模式带来的弊端也显而易见：首先，以追求公司利益的最大化为主要目标，不能兼顾所有利益相关者的利益；其次，中心化的企业多采用层级化的管理方式，在这样的体系下管理层的薪酬远超出其所创造的价值、管理者没有与他拥有的权力对等的专业能力等问题屡见不鲜，导致企业内部僵化成为生产能力低下的官僚体系[5]；最后，传统的管理模式下，员工缺乏主动性、创造性和忠诚性，不透明的运作机制和缺乏有力的监督机制催生了腐败，此外，大型企业在社会上形成了技术、资源的垄断，限制了创新与良性竞争，长远来看是不利于社会发展的。

区块链技术由于其自身的特点，在提高管理效率、降低交易成本上具有巨大潜力，将区块链技术引入企业管理中，将企业中的集中式管理模式变革为分布式的管理模式，实现企业的去中心化，改变原本通过信息不对称、垄断的方式进行谋利的模式，从竞争型主导型向合作型主导型商业模式的转变，寻求所有利益相关者的利益最大化。

2. 去中心化经济组织

在去中心化的企业中，区块链技术促进组织内部成员之间的互信，在信任的基础上达成共识、建立自组织，在这样的组织模式下，企业成员不再因为生存需求而被动地绑在一起，而是依靠思想上的共识，因此成员的关系不再处于紧绷状态，而是一种自由、灵活的状态，这样的组织形态称为“去中心化自治组织”（Decentralized Autonomous Organization，DAO），也称为“分布式自治组织”，DAO 是一种开放性的自由协作模式，个体可以随意地加入或退出，可以发挥个体的主观能动性、释放生产力，它并非一个全新的概念，只是通过区块链技术得以从理论走向实践[6]。

3. 分布式企业架构的意义

首先，区块链带来了新型的经济组织，采用自组织的架构代替传统体系中按层级分配工作的模式，在这样的组织中所有的成员都致力于将公司的利润最大化并公正地对待其他成员，成员们可以通过投票的形式对组织进行管理，所有流程严格根据智能合约中既定规则进行运作，采用动态的角色转换取代固定的职位，每个人的任务和绩效指标公开透明、薪酬根据个人的贡献，避免了贪污腐败，极大调动了人们工作的积极性[5]。

其次，罗纳德·科斯提出经济成本包括搜索成本、签约成本以及协调成本[7]，区块链上的信息是永久保存并且难以篡改的，降低了搜索成本，通过智能合约将各人的权利与义务进行划分，所有成员遵守相同共识，降低签约成本和协调成本。

6.3.2　区块链激活数字资产

通过区块链和物联网智能设备的连接，可以建立数字世界和现实世界的桥梁。区块链可以解决现实世界的资产数字化和价值流转问题。物联网和区块链技术的融合，使物联网的数据可信上链，并进行全流程的加密，可确保数据资产安全、可信流转。

1. 资产的定义

资产是个人、公司或企业所拥有的具有经济价值并且在未来能够为持有者带来收益的资源。公司或企业的资产包括现金存款、厂房场地、机器设备等有形资产，也包括如商誉、商标、数据和专利权等无形资产，对于个人而言，资产为个人通过合法手段取得的财物，包括工资、创作、房屋以及游戏中的虚拟财产等。

从社会发展来看，资产的形式与种类变得更加多样，传统社会中的资产通常为货币资金、房屋土地、物品收藏等实体的形式，进入互联网社会后，产生了虚拟化的资产，如网络游戏的账号、游戏中的装备等。根据资产的特征可以将目前主流的资产划分为 3 类。

1）实物类资产，如房屋、土地、计算机、衣服等以实体形式存在的资产，其他类别的资产大多是在实物资产的基础上产生的。

2）权益类资产，包括房产证及土地所有权证等基于实物资产的一类资产，例如房屋本身是实物，但是为了便于交易流通产生了房产证这一凭证，作为房屋归属的证明。

3）数据类资产，包括用户在网络上消费、社交、游戏等产生的数据，或数字专辑、网络文学等，主要来自互联网以数字化形式存在，目前没有得到很好的保障。

目前业界对于资产价值的定义不统一，随着社会的发展，资产除去本身的价值外还产生了许多附加价值，例如，如今买房除了用于居住还属于资产投资。再如，资产确权难度较大，目前用户数据所有权问题就是由于缺乏明确的规定，用户数据被平台侵占；资产确权的流程烦琐、效率低下，这一过程中可能需要实地考察、准备多项材料证明、各部门审核等，造成大量人力、物力的浪费，此外复杂的流程下还可能造成数据隐私泄露；最后，资产流通效率不高，原因有二：一是在资产流通的过程中，资产信息在互联网没有广泛传播并且真实性无法保障，二是资产确权的复杂性，阻碍了资产流通。而区块链技术的发展对上述问题给出了解决方案，区块链作为价值传递的载体可以解决资产的流转问题，为资产价值定义、资产确权带来新的解决思路。

2. 资产的区块链化

要实现资产的区块链化，需要实现物理世界中实物资产的数字化，才能将这些资产映射到区块链中。在资产区块链化的过程中，一方面，由于数据类资产本身就是以数字化形式存储，实现区块链化并不难，但是在每天都产生着海量数据的互联网时代，需要选择更具有价值且需要上链流通的资产；另一方面，许多有形资产如量产的商品、外形容易改变的黄金、玉石等物品，它们的物理属性难以真实反映到链上，因此需要明确资产区块链化的可行性和必要性。

对于无形资产的区块链化，通过将存储资产的中心化数据库与区块链进行对接并同时进行线上与线下的确权。对于数字化作品，如音乐、图片和视频等，可以通过将其与作者信息共同记录在区块链上并打上时间戳，解决目前数字化作品难以确权的问题，此外还可以避免在没有经过作者同意的情况下被复制、盗用，保障了作者权益。然而，面对庞大的数据海洋，需要从价值性、合法性、流通性等多个角度考虑决定是否上链。

对于有形的资产，缺乏唯一标识以及验证方法，因此，首先通过物联网技术实现实物资产的数字化和标签化，然后再上链，这一过程中同时需要监管部门保证数字资产的真实可信、并与实物一一映射，在早期实物资产数字化过程中，政府监管和鉴定部门缺一不可，特别是贵重资产，所以可以根据资产的价值进行资产的区块链化，一方面，物以稀为贵，价值高的资产通常非常稀有，具有标识唯一性，且通常是经过权威机构鉴定的，如钻石珠宝、古董字画；另一方面，贵重资产能够在流通过程中产生更高的价值。而对于量产的商品而言，实现唯一性标识的难度较大，上链的成本甚至可能高于上链带来的价值，造成资源浪费。

3. 资产上链后带来的影响

区块链提供了一个公开透明且难以篡改的账本系统，资产区块链化后将产生如下影响。

1）通过区块链技术在资产确权、分割及共享等方面的优势，促进资产的流通与交易效率。通过将资产数字化，降低投资的门槛、促进资产流通。此外，在当前社会中不同的平台之间存在壁垒，导致资产流通受阻，区块链上信息公开透明，促进了资产信息传播和资产流通。

2）通过区块链技术的去中心化特性，解决信任问题。在资产流通的过程中，为了防止造假行为，除了权威机构的认证和背书，还需要多方的参与来完成资产的转让，需要浪费大量的人力物力且效率低下，而资产上链以后交易的流程透明化，参与者可以对资产进行追溯和验证，不再需要第三方信任机构的参与，例如，在房地产行业中，区块链将每一笔交易记录都永久记录下来，在房地产权转让的过程中减少了欺诈行为、提高了工作效率。

3）防止数字资产被复制传播，保护数字版权。一直以来，数字资产由于其可复制性，为其确权和交易带来了干扰，盗版的存在严重损害了创作者的权益，没有经过作者授权的传播都属于非法行为。

6.4　信任经济：区块链让其成为可能

区块链技术一直受到社会各界的广泛关注，目前已进入了冷静之后的稳步发展阶段。在这一阶段将更加注重区块链技术在实体经济领域的应用，以区块链技术推动各领域生产关系重构，为社会发展提供强大动力。

6.4.1　区块链重塑信任机制

人类社会的正常运转离不开信任，信任保障人际交往和商业活动得以进行，尤其在现代社会中，一个人可以没有资本，通过信用可以进行融资，但是一个人若是没有信用，在社会中将会寸步难行，同时社会成员之间只有互相信任才能为社会的发展共同努力。从传统社会中基于人与人之间直接联系的人际信任，到社会高度发展后基于契约、制度、集体等的系统信任，人类社会中的信任模式不断变化。近年来，区块链作为制造信任的机器，通过算法和程序实现了数字化信任，使得素未谋面的陌生人之间也能建立信任关系。区块链技术的诞生对整个社会信任体系产生了巨大的影响。

1. 创造信任的机器

由于2008年的金融危机，经济领域出现了前所未有的信任危机，并从经济领域扩散到社会中各个领域。在这样的背景下，Satoshi Nakamoto在《比特币：一种点对点的电子现金系统》中提出建立一种基于技术的算法信任。在2015年《经济学人》杂志的封面文章《信任机器——比特币背后的技术如何改变世界》中，将区块链技术称为“制造信任的机器”。蚂蚁集团董事长井贤栋将区块链技术称为“数字化时代信任问题的最佳解决方案”。

区块链技术的来源可以追溯到拜占庭将军问题：拜占庭帝国派出多支军队从不同方向将敌人包围，这些军队在地理位置上相隔很远，他们需要通信决定是否发动进攻，但是这些将军中存在着叛徒，叛徒会欺骗其他将军，给他们传递错误的信息影响他们的决定。因此，将军们需要找到一种方法，即使在存在叛徒的情况下也不受其干扰从而做出正确的决策。区块链技术实现了在P2P通信网络上，利用非对称加密算法、分布式共识机制实现去中心化的信任，在拜占庭将军问题中将军在收到其他将军的消息后，加上自己的签名再传递给其他将军，这样将军们就可以得到正确的信息，采取一致行动。

在区块链创建的共识网络中，区块链不关注某一节点是否可信，链上的每个参与者彼此间也不了解，而区块链技术确保了共识结果的真实可信[2]。

2. 区块链信任机制的原理

在目前人际信任和系统信任并存的社会信任体系中，人们为建立稳定的信任关系投入了大量的时间和资金，但是这样的信任关系并不牢靠，区块链技术定义了一种新的信任机制：不需要了解参与方的背景，也无须借助第三方机构担保，依靠计算机程序和算法来建立信任，是数字化社会中信任模式的必然趋势。区块链创造信任的原理分为以下4个方面。

（1）区块链的去中心化机制

区块链引入P2P来保证各参与者在网络合作中的平等地位。每个参与P2P的计算机称为区块链网络的节点，在P2P中各节点直接相连、可以自由地加入和退出网络，平等地享有记账、交易与收发信息的权利，每个节点上产生的交易行为需要将相关的交易信息传递给所有节点验证，因此某一节点的退出或受破坏不会对系统的运行造成影响[3]。整个网络不依赖中心服务器，采用数学方法在节点间建立信任关系，构建“去中心化可信任系统”[8]。

（2）区块链上交易信息公开透明并且难以篡改

参与者可以通过公开接口访问数据，区块链上的信息高度透明，这样一种信息公开的举措，能够避免信息不对称造成的不信任；通过加密签名验证的方式保障数据的来源可信，同时通过哈希算法保障了交易记录难以篡改。

（3）区块链的安全保障和溯源机制

通过引入节点工作量证明（PoW）等共识算法，形成强大的算力来抵御恶意攻击，网络上的节点越多则数据库的安全性越高。此外，通过非对称加密对个人账户信息进行加密，其他参与者仅在数据拥有者授权的情况下才能访问，保障了用户数据的安全和隐私。时间戳技术实现交易记录可追溯，保证了交易记录可信[8]。

（4）区块链引入共识算法保证交易规则的可信

在社会中形成集体信任的前提是社会成员认可并遵守共同的规则，共识算法实际上就是一种所有用户参与的规则制定与维护机制[1]。目前，主流的共识算法包括：工作量证明、权益证明（PoS）、工作量证明与权益证明混合（PoS+PoW）、实用拜占庭容错（PBFT）等。

3. 区块链信任机制带来的影响

基于区块链的机器信任模式将给社会带来重要的影响：首先，区块链技术能提高人们对于网络的信任，目前网络上信息的真实性无法保证并且容易被篡改，对社会秩序和社会生活造成干扰。区块链的分布式账本具有公开透明、难以篡改的特点，参与者可以对账本内容进行验证，确保了真实性和可靠性，降低信任风险；其次，区块链信任机制可以促进社会经济发展，一方面，通过区块链的去中心化信任机制可以降低构建信任的成本，在缺乏信任的情况下，通常需要投入大量的资源来构建信任，例如，品牌建设或依靠第三方权威机构；另一方面，可以通过区块链技术公开公信的机制降低金融行业中信息不对称性，促进资本的流通，将信用作为社会资源更好地加以利用；最后，人类社会发展建立在合作的基础上，区块链源代码和应用的开放性促进了人际合作关系的发展。

6.4.2 数字化信任体系构建

人类社会经历漫长的发展，到如今已经形成较为完善的社会信任体系，是人际信任与系统信任的复合模式：人际信任主要发生在“小团体”间，如家人、朋友、同事等熟人之间，这种信任具有一定的传递性，在生活中表现为甲信任自己的朋友乙，而乙信任自己的朋友丙，因此甲信任丙，虽然这种信任在传递过程中损耗较小，但是无法扩展到更大范围，此外权威信任也属于人际信任，人们容易信任专家、权威人士。系统信任有助于构建“大团体”间的信任，通常通过契约、规章制度以及法律法规等明文形式维系企业、国家等大规模团体之间的信任，系统信任的出现代表了社会的进步[9]。

进入互联网时代后，一方面社会交往陌生化成为常态，网络的匿名性导致信任风险大大增加，在发生多起信息泄露事件后，人们对于互联网安全缺乏信任；另一方面，如今各企业平台通过物联网获取用户个人数据信息，这些信息为企业带来了巨大利益，然而用户对于个人信息的分享十分谨慎，信任是连接企业与用户的纽带，在实现数据商业价值的过程中，数字化信任在其中发挥了至关重要的作用，人们只有在确保个人数据的安全性和隐私性的前提下，才愿意共享个人信息，因此亟须一种新的信任机制支持数字化社会的生活和生产活动。

1. 万物互联时代的数字化信任

如果说互联网改变了人们的生活方式，物联网则推动着社会进入数字化时代：数字化生产、数字化管理、数字化决策等，数字化信任是社会发展的必然趋势。

1）互联网推动现代社会的人际关系向网状发展，每个人都是网络上的一个节点，在复杂的社会环境下，中心化的系统信任向“数字化的分布式系统信任”演变。

2）在数字化浪潮的推动下，社会系统面临的不确定性和信任风险增大，同时生产和生活中的人际交往的陌生化成为常态，因此需要通过数字化技术建立起陌生人之间的新型系统信任模式。

3）在现如今的社会中，人们相信系统是可信的，如互联网系统、专家系统、计算机系统等，可以说社会运作离不开系统信任，但是中心化的系统信任模式下，双方信息高度不对称。信息公开的数字化分布式系统信任是解决上述问题的一种有效方法[3]。

从狭义上来说，数字化信任是指由数字化代码和算法构建的信任机制，区块链技术正是通过账本和代码构造的一种新的信任机制，在缺乏信任的陌生人社会环境中构建、传递信任。但是从广义上来说，要实现信任的数字化，应该实现终端可信与网络可信：在数字化社会中通过各种数据采集设备将物理世界中的信息采集转化为网络上的数字或代码，因此需要保证终端设备和终端计算环境可信；还需要通过密码安全和共识机制实现网络环境的可信，可以通过区块链技术实现，两者之间非完全独立，终端可信是网络可信的基础[9]。

2. 数字化信任的意义

数字化信任的意义在于：首先，降低了信任成本，传统的信任模式都需要投入大量的资源来维系，例如，构建品牌信任需要投入源源不断的人力和资金、电商平台需要第三方支付平台解决互信难题，而数字化信任系统通过数学和密码学等手段实现了信任自动化，极大地降低了信任成本；其次，改变目前信用市场垄断的局面，目前信用信息征集的成本高昂，同时信用信息、信用评价被信用评级企业垄断，通过数字化信任系统的分布式存储模式，所有用户均可以获取信用信息；最后，在信任体系中减少人为因素的影响，通过技术实现真正的公平可信。在数字化信任体系中，设计好的规则交给代码自动执行，这样的系统具有成本低、信任度高的特点。

3. 构建数字化信任体系

互联网、大数据和物联网技术将人们带入一个数字化世界，日常生活中的智能手表、互联家居和车载系统等设备将用户的物理信息转化为数字化信息，这些数字化的信息在互联网上经过分析处理，反过来用于提高用户体验、改善人们的生活。然而，随着互联设备迅速发展产生了庞大的用户数据，产生了个人数据和隐私泄露的隐患，因此人们对企业缺乏信任的情况下，不会将个人信息进行共享，若是能够在数字化世界中建立起一种可靠的信任体系，将带来巨大的经济收益。

（1）“互联网+物联网+区块链”构建数字化信任

通过物联网设备将现实世界中的信息转化为数字化信息，通过传感器感知或摄像机识别获取信息，对信息进行传送以及处理，用机器代替人力在一定程度上保证了信息来源的可靠性，但是大量分散的物联网设备间缺乏有效的信任机制，并且中心化的数据存储方式存在着数据安全隐患。而互联网则实现了社会完全的信息共享，让信息传递的成本降低，但是面对互联网上海量的信息人们无法甄别其真假，无法做到真正的信任。“价值互联网”这一概念提出了一种理想的状态：人们无须通过如银行、房屋中介、电商等中心化可信的第三方实现双方互信，区块链实现了点对点的价值转移[10]，因此通过将物联网、互联网与区块链技术结合构建分布式的数字化信任系统，其中物联网与互联网构建了数字化的环境，区块链通过信息难以篡改、公开透明、自治性等特征奠定了信任基础。

首先，区块链采用对等网络（P2P）作为基础通信架构，保证每个参与方平等的地位，也是 P2P 赋予了数字化信任系统“去中心化”性质，在这个去中心化系统中，参与者之间既是合作关系也是监督关系；其次，在人际信任模式中，人们通过多次交往的经验加深信任，而在数字化信任系统中这一过程通过分布式账本实现，区块链实际上就是一个记录交易信息、页数可以无限增长的分布式账本，所有的交易信息通过数字化的形式被永久保存在区块中，链状的结构保证了数据难以被篡改，公开透明、可追溯的分布式账本使得每笔交易都有账可查，并且在分布式的结构下某些节点遭到攻击破坏，也不会对数据安全造成影响，签名转发机制则保证了每笔交易的有效性、可靠性；此外，产生集体信任的前提是所有成员都认可并遵循共同的规则，在数字化信任体系中通过共识算法实现，通过共识算法选出记账的节点并且对记账的内容进行验证；在数字化信任体系中，通过激励的方式促进用户参与区块链网络、维护这一数字化信任体系[3]。智能合约则通过数字化方法制定了契约执行机制，保证没有第三方的情况下合约能被如约履行。

相较于传统信任，数字化信任具有如下特点。

- 依靠计算机程序和算法实现了信任的数字化，网络中的每一笔交易记录公开透明、难以被篡改并且可追溯。
- 数字化信任是在多方协作的情况下达成的，参与交易的各方都能受益，信任的成本由参与者共同承担，数字化信任具有公共特性。
- 在分布式账本与智能合约的作用下，实现信任预期与信任执行的耦合[3]；数字化信任的这些特点有助于促进社会大规模合作，推动社会经济的发展。

（2）数字化信任体系的应用

数字化信任系统促进个人、企业、政府信用体系的建设，促进信用的公开和流通，一方面可以改变目前信用信息被垄断的局面，另一方面增加了失信成本从而减少失信行为。

数字化信任体系促进个人信用体系的构建，现如今个人信用信息是人们参与社会活动的基石，一个人若是有着“不诚实”的记录，个人的求学和工作都将受到影响，可以说在当今世界信用就是个人立足的资本。将区块链与征信相结合，将个人生活中产生的数据信息数字化，建立起个人的信用数据，在贷款、租房、公司入职等场景中作为信用评估的参考。

数字化信任体系促进企业信任体系的构建，目前企业信息共享的程度不高，企业之间需要花费大量的时间与资金建立信任，在数字化信任体系中，将企业数据上链保证数据难以篡改、推动企业间的信息流通，及时向社会公众披露企业的信用信息，构建企业与消费者之间的信任关系，例如，京东通过“区块链+物联网”推出“跑步鸡”，利用计步器记录每只鸡每天的运动量，并将这些数据上链，消费者购买后可以追溯鸡的生长历程。

数字化信任体系促进政府信用体系的构建。在数字化信任系统中，将政府公务信息上链，在政府各个部门间以及政府与公众间进行信息共享，有助于政府与民众间的互动、提高民众对政府的信任度，同时区块链数据难以篡改、去中心化的特性有助于保护政府数据信息的安全可信。

结合互联网、物联网、区块链技术构建数字化信任体系，使得在信任缺失的领域中能够建立信任并开展活动。从长远来看，数字化信任是一种趋势，但人际信任并不会消失，而是两种信任模式共存，共同调控社会关系。

6.4.3 区块链赋能信任经济

近几年来，随着互联网特别是移动互联网的飞速发展，经济社会发生变革，移动互联网正在迅速地改变人们的生活方式。在这样一个经济社会急速转型、传统人际关系面临严峻挑战的时代背景下，个人、企业、社会之间的信任基础已经成为影响个人、企业进步及社会发展的关键要素之一。如果社会中出现信任缺失问题，不仅会导致社会道德的退化，还会阻碍经济的发展。因此，社会各界都应该重视诚信关系，构建坚实的信任基础，推动社会经济发展。

区块链技术为信任基础的构建提供了快捷有效的解决方案，利用程序化的系统模型保证诚信并将信任量化，推动整个社会的互信互利。经济社会将步入信任经济时代，以诚实互信为基础重构生产关系，提高社会生产力，实现人类社会的全面进步。

1. 信任经济的定义

信任经济是指建立在较强信任基础上的经济活动。事实上所有的经济活动都需要信任，只不过在信任经济中，信任基础会成为主导经济活动的关键因素。随着互联网技术的高速发展，各项新型技术不断涌现，让信任基础的构建更加简单坚实，有效助力信任经济快速发展，改善人民生活水平。从本质上来说，信任经济其实就是一心为消费者和用户服务，想他们所想、急他们所急，为他们解决各类消费问题，获得客户充分的信任。信任经济时代是一个从企业到消费者充分互信的时代。

2. 区块链赋能信任经济

若想要让信任经济真正落到实处成为现实，不能仅依靠原始的沟通方式建立信任基础，因为那样构建信任基础速度太慢、范围也太小，不符合信任经济时代的需求，想要真正步入信任经济时代还需要新型技术的支持。近几年来大数据、人工智能、区块链等数字技术蓬勃发展，它们及其相关应用正在构建全新的数字信任机制。区块链技术是其中很重要的一环，它通过数学方法解决信任问题，建立一种技术背书的信任机制，用算法程序制定规则，只要信任并遵循共同的算法程序就可以建立较强的信任基础。再加上区块链技术具有去中心化、分布式共识、数据难以篡改、信息可追溯等特点，可以有效应对各类领域的信任问题，加速信任经济的实现。下面结合具体交易过程介绍区块链的技术特点以及它是如何促进信任关系形成的。

首先，区块链分布式账本技术，实现了信息的去中心化存储，有助于解决共享信息不对称的问题。交易双方共享信息不对等，在一定程度上阻碍了交易关系的确立。而区块链中分布式存储技术可以解决这一问题，通过将所有共享信息记录在区块链上，由双方共同维护，可以使交易双方实现信息共享，促进信任关系形成。同时，分布式存储技术打破了传统中心化存储机制的限制，可信度更高，且不容易受到外界攻击。由此，区块链的分布式数据存储保证了交易前准备工作的有序高效，增强了交易双方的信任基础，极大地提升了交易量，推动了信任经济的发展。

其次，基于区块链的智能合约可以提高合同执行效率，降低违约风险及交易成本。传统交易中书面合约的制定过程非常复杂，有恶意的一方可能利用文字陷阱等伎俩坑害其他交易者，通常需要专业人士对合同进行分析，费时费力。而基于区块链的智能合约相较书面合同更加简单明了，智能合约依靠代码阐述交易逻辑，只要理解代码含义即可精准解读合约，可以有效避免逻辑陷阱。同时随着技术的进步，用于编写智能合约的语言种类越来越多，编写逻辑也越来越简单，人们可以更好、更方便地理解合约含义，促进交易达成。从执行效率的角度考虑，书面合同的执行比较烦琐，需要人工操作，在出现违约现象时还需要权威第三方的干预，效率较低且花费大。而智能合约则是根据合约内容自动判断是否满足触发条件并在满足条件的前提下自动执行转账等操作，节省了时间和人力，且不容易发生违约现象，更加安全可靠。同时智能合约还可以完美应对金额较小的交易或借贷场景。例如，在借款金额只有几百元的情况下，就算签署了书面欠条，如果欠款人恶意拖欠还是很难保证能收回欠款，因为这种交易涉及金额较小，如果向法院申请起诉或采用其他公证手段会花费更多的钱，得不偿失。基于区块链的智能合约中所有交易流程由程序自动执行，几乎无法违反，不仅保证了履约效率，还可以有效降低合同花费。总而言之，基于区块链的智能合约能够让交易过程变得更加简洁、高效，有效解决了交易过程中的信任问题，促进了信任经济的发展。

最后，利用区块链上记录的难以篡改性来保护所有交易信息的安全，为以后查询追溯提供了条件。在传统交易模型中，交易者不可能随时记录每个交易流程的具体信息，因此在交易结果产生纠纷时很难取证追溯，只能依靠权威第三方调节，但这也不能保证结果公正，通常都会造成双方反目，信任关系直接破裂。利用区块链技术可以将交易过程中每个环节的信息及时记录，以供交易完成之后查验。而且区块链上的数据是分布式存储的，即每个节点都维护着同样的一个数据库账本，除非能够同时控制住系统中超过51%的节点，否则不能更改现有数据，而这几乎不可能实现，因此区块链上数据的稳定性和可靠性极高。运用区块链技术能够保证交易完成后信息追溯的顺利进行，打消了交易者的后顾之忧，为信任关系的形成和维护提供了关键支撑。

通过上文的介绍可以看出，区块链技术为整个交易过程的前中后期均提供了技术保证，使存在多年的信任难题得以解决，让交易变得更加透明公正，促进了信任关系的形成，为信任经济的发展做出了突出贡献。下面介绍区块链对整体经济社会的几点影响，以此表明区块链技术通过维护经济社会公平公正运转来带动信息经济向信任经济转型。

（1）区块链可以营造可信的交易环境

利用区块链技术的去中心化、自治开放、安全私密、数据难以篡改等特性，可以营造可信的交易环境，以更低的成本为中小微企业提供信任基础，帮助中小微企业获得便利的融资服务，缓解资金压力，优化中小微企业的营商环境。

（2）区块链推动信息成为新的抵押物[11]

在世界范围内，贷款金额都是由抵押物品的价值决定的，例如，借贷人提供价值 1000 元的物品用于抵押，那么银行可能只会借给他 500 元。这种现象的产生就是因为缺乏信任，银行必须保证自己借出去的资金可以收回，所以只能要求借贷人拿实物资产进行抵押。利用区块链、大数据、人工智能等互联网技术可以改变这一现状，将信息作为新的抵押物。在过去几年时间里，蚂蚁金服就已经向千万家中小企业提供贷款，没有要求任何实物抵押，而是通过区块链、大数据技术对这些企业的信息进行分析记录，通过分析判断这些企业的发展潜力，并以此为标准提供贷款。很多初创公司通过这种方式得到资金支持，更好地发展事业。

（3）区块链可能改变信号传递机制[11]

在经济社会中，人们消耗大量人力、物力，实际上只是为了说服别人他们是可信的，这个过程就属于信号传递机制。例如，大公司用高耸的摩天楼和高档的办公室彰显自身实力，生产厂商通过电视广告推销产品，这些都属于信号传递的方式。运用区块链技术可以减少不必要的信号传递，减少信号传递成本，并改善信息不对称问题，增加可信度。企业将重心放在产品和服务的质量上，最终实现与客户之间真正的互信互利。

随着区块链、大数据等技术的广泛应用，各类经济活动都趋于透明化、公平化，以信任为主导的经济活动将会受到大众的支持，也能创造更多的价值。区块链等技术正在构建数字信任生态，其价值在于可在信任未知或信任薄弱环境中形成信任的纽带，节约达成信任所需要的时间和成本，在一定程度上加持商业信用，同时可以在广域高速的网络中建立零时差、零距离的认证工具，并提高物联网的实际效率和运行的可行性。相信在不久的未来，信任经济模式将会成为主流，推动时代进步。

第7章 区块链助力治理现代化

国家治理体系和治理能力现代化是继农业、工业、科技和国防4个现代化后的“第5个现代化”。区块链技术在现代化治理中的应用是信息技术与社会技术的统一，其共识机制、智能合约、时间戳、分布式账本等核心技术能够有效保障政务数据安全，提高社会服务效率。区块链技术可以解决交易活动中互信问题，让全流程信息数据难以篡改和撤销、可验证、可追溯、可追责，并且安全加密。区块链技术的应用，将可以在未来有力地推动社会治理数字化、智能化、精细化、法制化水平，将先进技术转变为政府治理效能。

7.1 科技创新与治理现代化

7.1.1 科技创新助力治理现代化建设

回顾过去 20 年，科学技术发展既是科技创新治理成果和价值的集中体现，也为国家治理创新开辟了新的空间，带来了新的变革。我国将“科技支撑”纳入社会治理体系之中，更加彰显了应用现代科技手段提升治理效能的鲜明导向。此时将区块链技术上升到国家战略，既是对科技创新为治理现代化的核心提供支撑作用的高度认可，也体现出要将最新科技成果应用于社会治理的坚强决心。

社会治理体系和治理能力是一个国家制度和制度执行能力的集中体现，而科技创新是社会治理体系和治理能力现代化的重要内容和基础支撑。科技创新与科技创新治理体系需要内外部协同才能不断推动国家治理效能升级，内部治理与外部治理如图7-1所示。

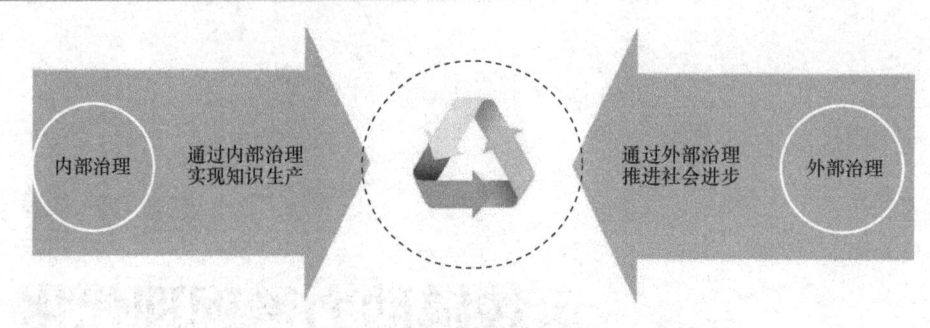

图 7-1　内部治理与外部治理

1. 科技创新内部治理

科技创新内部治理的核心目的是通过“四化”不断提高知识生产的效率，实现生产力水平提升。

“多元化”，充分发挥政府、高校、企业和个人在创新方面的能力，形成可管理、有活力、可持续的创新长效机制。

“规范化”，建立完善的立法机制，让创新方向有法可依，引导科技创新向支持社会治理现代化和服务人民幸福生活方向发展。

“全面化”，在完善的法律体系下，要实现科技创新在各个领域的统筹发展，不能局限于发展有短期利益和市场偏好的科技方向。

“国际化”，与国际最前沿科技保持同步，加强国际交流学习，寻找创新突破口，建立中国引领发展的科技领域。

2. 科技创新外部治理

科技创新外部治理的核心目的是为改善社会治理体系提供技术支撑。5G、人工智能、大数据和区块链等技术，将助力国家治理体系和治理能力现代化，推动治理方式的创新和治理效能提升。

一是融会贯通。科技创新会触及国家、社会治理各个层面，从而推动治理体系结构更科学、治理反应能力更及时、治理信息更全面。

二是汇点成面。创新要从细节着手，充分发挥不同创新成果在各个领域的作用，逐步形成可全面支撑外部治理现代化发展的科技网络。

三是开拓务实。创新研究要以应用为导向，以务实为责任，要将科技创新成果转化成实际生产力，不断激发创新活力，持续为外部治理现代化做出贡献。

7.1.2　互联网技术在治理现代化建设中的应用及短板

过去 30 年，我国的发展举世瞩目，国家和社会治理水平日趋提升，科技创新发挥了至关重要的作用。自互联网诞生以来，人类社会信息传播成本的极大降低和信息传播效率的极大飞跃带来了生产力的极大解放。互联网技术的广泛应用成为推动社会治理现代化的有效手段，有力地推动了社会治理的提速增效。

以“智慧党务”“电子政务系统”“天网工程”为例，以互联网技术为代表的科技发展有力地推动了社会治理的提速增效，以互联网技术为代表的社会治理应用如图 7-2 所示。

智慧党务

“学习强国”平台立足全体党员、面向全社会开放，广泛传播新理论、新思想，提升整体社会认知

电子政务系统

基于网络通信技术，实现政府办公自动化、部门间信息共建共享、实时信息发布，大大提升政府工作效率

天网工程

利用GIS地图、图像采集、传输、控制等技术，进行实时监控、信息记录，保障综合社会管理，促进社会繁荣稳定

图 7-2　以互联网技术为代表的社会治理应用

互联网技术也存在固有的缺陷，例如，它更关心的是信息的送达，而不是信息的所有权，具体来看，在支撑治理现代化建设中主要存在以下几个问题。

（1）数据质量管理不足

数据真实性不够、一致性不高、时效性不强、数据管理技术无法实现精、准、快的数据治理。

（2）数据安全管控薄弱

信息云端集中易受攻击，网络安全防护技术手段不足，敏感数据和个人隐私泄露风险高。

（3）数据开放共享困难

缺少统一的数据标准和访问方式，数据兼容性较差；数据整合、分析、应用、共享缺少技术支撑。

因此，传统的科技支撑能力已不能很好适应治理体系和治理能力现代化“精、准、快、稳、融”的新要求，因此，要从科技创新内外部协同治理和发展进步的角度，不断探索、突破新的技术和手段，将最新科技成果应用于社会治理。

7.1.3　区块链技术为治理现代化建设提供新思路

区块链的核心理念是价值传递和信用机制。区块链通过新的信任机制改变了数据和信息的连接方式，是传统互联网内部治理的结果和数据传输的升级。区块链技术具备分布式、透明性、可追溯、防篡改等特征，适用于促进社会治理结构扁平化、治理及服务过程透明化，从而提高政府社会治理数据的可信性和安全性，推动治理能力现代化。

区块链技术在助力国家治理现代化建设中主要有以下 5 个方面的应用。

第一，针对特定行业，建立监控节点。利用区块链技术，对特定行业应用建立监管节点机制，对特定行业的数据进行全方面地监控和管理。

第二，打通信息孤岛，融合政务数据。通过区块链技术，建立国家或省级的政务数据融合链，将政府数据逐步融合，让政务数据的交互在全国范围内更及时有效。

第三，保护公民隐私，规范数据授权。建立以密钥为加密手段的区块链统一数据授权机制，让民众可以更好地掌控自己的隐私和个人数据的使用范围。

第四，加强金融监管，规避金融风险。积极推进区块链在金融行业的应用，通过区块链的数据融合和监管能力，更及时地规避金融风险，制定更有效的金融和经济政策。

第五，发挥技术优势，助力跨境服务。利用区块链数据传递优势，将国家贸易、对外商务合作、跨境项目管理和全球数据传输进行更有效地管理和运行。

区块链技术仍然处于快速发展阶段，在区块链技术的应用过程中，需要关注法制建设、基础设施、创新应用 3 个方面。

（1）法制建设

加强法制建设，制定完善的法律法规，保证区块链技术进步和业务发展有法可依、有章可循、有序开展。

（2）基础设施

积极发展网络化的区块链基础设施，为区块链上层应用的开发、部署和运营提供低成本、安全、可信的公共资源环境。

（3）创新应用

发挥市场活力，创新区块链应用，推动社会治理数字化、智能化、精细化、法治化水平。

7.2　区块链助力新型智慧城市建设

7.2.1　新型智慧城市建设的核心挑战

建设智慧城市，就是要打破信息孤岛和数据分割，促进大数据、物联网、云计算等新一代信息技术与城市管理相结合。所以，数据融合是最根本的有效途径。而新型智慧城市的核心就是最大限度地开发、整合、融合、共享和利用各类城市信息资源，构建城市规划、建设、管理和服务的智慧化体系。而新型智慧城市建设的核心挑战具体如下。

1）经济社会中亟须交换、融合、共享的各类信息，在社会中依据类别、行业、部门、地域处在被孤立和隔离的状态。

2）同一时空对象所属的各类信息之间天然的关联性和被割裂、遗忘，其实这类信息有天然的关联性。如教育数据、医疗数据、收入数据等都是高度耦合的。但是现实社会中却分散在不同的行业部门的数据库中。

3）信息服务的便捷化、高效化、产业化、智能化水平不高。

智慧城市的本质是“数据驱动的城市”，智慧城市就是要用大数据的资源属性，利用它的畅通流动、开放共享属性，倒逼现有城市的管理体制、治理结构、公共服务的模式和产业布局地合理优化、统一高效，是一种用数据驱动城市改革创新的过程。

7.2.2　基于区块链的新型智慧城市建设模式

区块链的优势是在多方博弈的不信任或弱信任环境下实现了信息对称，建立起信任机制。实际上，信息的公开性和不对称匿名性是互联网成为全球基础设施的重要属性。因为信息的公开性保障了互联网体系结构的可扩展性，保证了互联网成为全球化的设施。但是这种可扩展性是以没有信息信任为代价的。这也是各种各样的网络犯罪等出现得越来越多的根本原因。网络空间不是一个完整可追溯的、完全真实的场景。而区块链就是要解决过去互联网没有可信保障机制的问题，在海量的网络空间中提供一种新的信任机制。

区块链是一个如实记录事实、人人记录的超级账本，是一个以时间为序，搭载可信信息的大链条，是一个提供关联利益者共享而难以擦除记录的数据库，是一个“完整、难以篡改”的记录价值转移（交易）过程的价值链。所以它具有去中心化、共识机制、难以篡改、可追溯、规则透明的特点，形成了一种共守的规则、共赢的机制、共用的账本、共识的算法、共性的设施。

区块链的技术能力很好地解决了智慧城市的发展瓶颈。对智慧城市而言，区块链技术能够形成可信驱动的能力，改变智慧城市的结构，优化其构建方式。

区块链通过新的信任机制改变了数据和信息的连接方式，带来生产关系的改变，为不同参与主体间、不同行业的可信数据交互提供了有效的技术手段。我们可以通过区块链在智慧城市中构建数据共享新模式。

区块链是开放、共享的平台，区块链构建了数据共享新模式。智慧城市要解决过去分散在不同的政府部门、不同行业里的数据，实现跨领域、跨地域、跨部门、跨业务的技术融合、数据融合和业务融合，基于联盟链的区块链服务网络能够构建一个公用的平台，支撑不同的应用数据进行共享、交换、使用，通过技术保障能够实现数据的真实可信。

区块链建立了协同互信新机制。现在很多的社会信息化平台和系统应用程度不高，很大的问题是系统中数据的真实性难以保证。区块链的共识机制确保数据难以篡改，从而保证数据的完整性和稳定性；时序区块结构保证数据全程留痕，实现事件的可追溯。基于区块链的可信数据治理，可广泛应用于政府重大工程监管、食品药品防伪溯源、电子票据、审计、公益服务事业等领域。

7.3 区块链助力智慧政务发展

智能政务要求政府部门通过互联网平台执行政府办公、监督、服务、决策等功能，做到数据共享，面向大众提供公开透明服务。打破信息孤岛，深度推进部门协同，将“群众跑腿”优化为“信息跑路”。

区块链作为数字经济 3.0 时代中的重要一环，在推进新型智慧城市和智慧政府建设的过程中有着不可或缺的地位。区块链带来的信任机制革新降低了电子数据取证成本，赋予了构建扁平化政务平台的可能性。它解决了去中心化条件下的身份信任问题，使得政府不同部门之间能够进行更为紧密的协作和价值传递。确保数据来源可靠、流通安全和政府治理透明离不开区块链技术。

7.3.1 智慧政务的定义

随着智能技术的发展，政府逐步进行数字化转型，电子政务向着智慧政务的方向发展。作为经济发展和民生中不可或缺的服务者，政府运营始终有着降低体制运行成本、提高公共服务质量与效率的目标。

智慧政府的实现重点是发展公共服务和政府行政的数字化、智能化水平，这需要重构数据的采集、处理、分析方式，集成物联网、大数据、云计算与区块链等技术，实现实时反馈信息的功能。智慧政府要求将数据集中共享，使得跨地域、跨层级、跨部门的协同管理成为常态。具体可将智能政务的实现落实在打造共享数据平台和完善线上到线下（Online to Offline，O2O）政务体系上。

政府服务已由单纯的线下模式转向线上线下融合，各地政府相继在互联网平台推进数字化业务，使用移动 App 等提升政务服务工作的效率。O2O 政务体系可以为市民提供高效的线上预约、查询，线下办理的服务模式，革新政府服务方式，深度融合数字技术和政务工作。最终，由部分与民生高度相关的服务线上办理转向构建标准化在线公共服务体系，提供政务服务全流程线上化，优化办事流程。不只是政务服务工作需要线上线下结合发展，各部门之间的数据传递和业务内容也需要得到系统梳理，明确各部门职责，保持政府管理的高效性。

作为数字时代新生产要素，数据是实现智慧政务的必要资源。城市生活中有着大量数据，从公路监控及测速摄像，到商场、社区、医院等公共场所的监控图像，皆为可用资源。构建共享数据平台，利用数据更好地为市民提供服务。共享数据平台可以作为连接各地域、各层级、各部门间的桥梁，使得数据信息的传递更加便捷。同时，政府与社会和企业之间也要扩宽沟通渠道，进行内外合作，扩大数据传递与共享范围。

目前，各地政府积极向智慧政府转型，全国已有十余省份落实交通、医疗、商圈、电子政务等公共服务的移动化、智能化应用。此外，各地政策鼓励互联网相关创新创业企业的发展，加速了传统工业、服务业的数字化转型升级。从生育、就业、纳税、教育到社保，许多政府出台的 App 包含大量政务服务的信息查询、预约和指导功能。

加快推进智慧政务，利用数据云平台、用户移动端和 IoT 技术，为市民提供政务公共服务。教育、纳税、医疗、保险等智慧政务平台已经应用于部分省份，例如，浙江省汇聚了万余种政务资源，提供大量便民服务信息，如线上预约办理政府业务、医疗就诊挂号、交通违章管理、社区水电物业费用缴纳等。

7.3.2　基于区块链的政府创新

区块链可以为政府提供全新基础设施、技术和政府协同平台。区块链技术带来可信数据来源，保障流通数据安全，数据治理可靠，实现数据作为数字经济 3.0 时代新生产要素的价值最大化，重新塑造现有的信任价值系统，改变生产资料、生产力和生产关系，创建决策科学、执行高效、管理精细的政府。同时，智能合约作为新交易手段对于政府业务创新也有其不可或缺的地位。

区块链为政府创新方式打开了新空间。目前，区块链的应用已经扩展到数字金融、数字农业、智能制造、智慧能源、智慧政务等领域，为相关业务的数据安全和政府信任机制提供重要支撑。区块链可以应用于政府互联网平台管理、数据协同应用管理以及政府设备管理等诸多场景，有助于加强部门互联以及部门协同办公等能力。区块链助力信息社会进入价值互联时代如图 7-3 所示，价值互联的社会意识革新通过上网、上云、上链 3 个阶段实现。数字经济 3.0 时代，政府创新离不开区块链技术。基于区块链技术的新型信用背书方式，将推动政府部门数据治理结构扁平化，迎来治理和公共服务过程透明化。

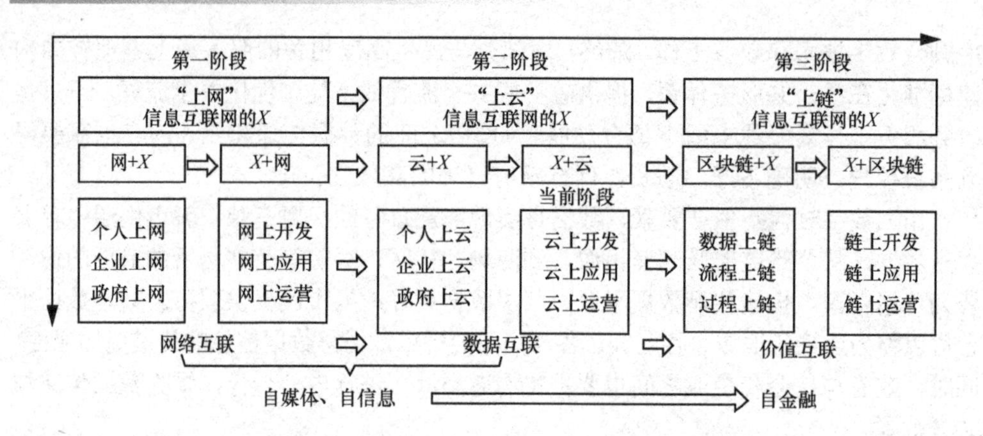

图 7-3 区块链助力信息社会进入价值互联时代[12]

1. 新型信用背书方式

区块链兴起后，多个国家和地区基于区块链技术开展创新应用，2015 年，爱沙尼亚政府推行区块链项目，将身份证明、合同等信息上链存档，构建高效、可信的政府管理模式。与传统的银行、政府等第三方机构进行信任背书不同，区块链借由本身的特性避免了信息泄露、欺诈等数据安全问题，区块链算法、智能合约技术、非对称加密技术，使得政府能够实现可信任的身份认证。以区块链为基础的分布式网络提供可靠的数字资产连接，并记录其在供求双方之间的往来过程和利益分配，促进数据共享，降低双方的信任成本并建立新的合同关系。

因具有分布式、难以篡改、去中心化的特性，区块链技术建立了全新的信任机制。利用区块链技术，永久存储各方的行为记录，可以重塑区块链上用户间的信任，使得全国互信，乃至全球互信的局面不再只是梦想。区块链技术有效地降低了各参与方的信息不对称性，保持各方账本的安全、透明和一致，构建起价值互联体系。区块链中的智能合约作为去中心化的开放且透明的网络协议，可实现政府部门与公民间的信任合作，使得各方能够进行高效交流、深度对话，共同参与社会治理，监督政府公共服务质量。

2. 信息结构扁平化

数字经济 3.0 时代，政府需要信息交互模式的革新来面对日渐个性化、复杂的业务需求，这就要求政府从内部数据连接结构进行优化。

可信数据通过区块链技术进行跨部门、跨层级的数据共享，使得政府各个部门都能够进行安全的信息交互，组织结构更紧凑、更扁平，协同效率得到明显提升。

3. 治理和公共服务过程透明化

以区块链技术为核心的信任泛在，能够保障信息的真实可信、透明公开、数据安全。坚持理论研究和技术应用“两个轮子”一起转，在应用中证明理论，在项目中优化方案、积累经验。政府推动区块链的发展必须提供验证平台和应用场景。政府推动区块链技术赋能实体经济，推动经济发展，进一步消除信息不对称。区块链作为数字经济3.0时代“新基建”一员，其难以篡改性可有效保障治理过程和公共服务过程透明公开、真实可信。区块链赋予政府公开公共服务过程，透明化政府治理过程，进而提升公众对于政府公共服务的满意度。

同时，区块链存储各区块内数据并加盖时间戳，因此用户可以对上链数据进行溯源，查找并验证信息。故而对时间敏感的政府业务，如行政审批、公证、产权等服务，应用区块链技术将大大提高公共服务和治理过程的透明度。建设透明化政府需要使用区块链技术对政府中的信息共享、数据开放进行信息安全的保障。

个人数据安全上链能够保存社会全部个体行为轨迹，让个体或公司的非诚信行为无处可藏，增强群众间的信任，及时纠正公司生产经营过程中的错误行为。

我国对区块链在政府透明化上的应用早已付诸实践。天津港通过区块链建设了一站式服务、综合统一管理的“单一窗口”；利用基于区块链技术的管理平台，雄安新区实现了对工程项目、资金流和合同的透明统一管理；贵州、西藏等地实施“区块链精准扶贫”项目，解决了扶贫机构与对象之间互信问题。佛州市通过区块链技术搭建身份认证平台，打通政府各部门间的信息孤岛，使得市民随时掌握行政办理进度。

7.3.3 基于区块链的政务数据共享

数字经济3.0时代，感知设备数量大幅度增加，数据获取途径更加丰富，数据规模爆发式扩大。5G技术的到来及商用使得数据传输更加快速，产生了大量的零时延应用。数据创造价值的能力大大提高，数据将价值辐射到生产生活的各个方面，其中就包括政府管理这一领域。合法合规地开放共享公共政务数据是智慧政府建设的基础，是提高数据利用率的必经之路，是优化政务服务流程、提升政府办事效率的重要手段。

区块链技术所具备的分布式、可追溯、难以篡改等特性能够增强群众对政府公开政务信息的信任。分布式账本、智能合约、共识机制等技术可以广泛应用于居民身份认证、食品溯源监管、政务信息公布、慈善组织的资金流动监管等领域中。

我国多省市正在打造世界级的大数据产业中心，建设省内统一乃至全国统一的政府数据中心，使得信息得以在政府部门间无缝共享，借此实现政务服务水平的提高，实现政策科学、管理精细、服务高效、结果公开的政府政务。政府政务数据共享平台的搭建需要应用区块链的数据共享机制和去中心化协作方式，推进政府数据资源整合、共享开放、创新应用，满足承载政务、行业、产业大数据应用，支撑“互联网+政务服务”应用，促进政务信息资源共享、开放、开发和利用，解决政务数据和社会数据的融合治理，释放信息资源红利，促进大众创新和万众创业。

区块链技术去中心化的特质能够实现非政务数据与政务数据、不同政务部门之间业务数据流通共享。基于区块链的数据共享机制如图 7-4 所示，能够以平权共建原则实现各部门、各行业数据全面归集。区块链的分布式和非对称加密技术能够解决信息安全和数据共识问题，实现数据共享与安全可信。区块链将保存数据流通过程中的归属权、使用权和管理权，使得确权问题高效可行，同样地，区块数据加盖的时间戳实现数据校验溯源、数据共享激励以及数据产权归属管理。

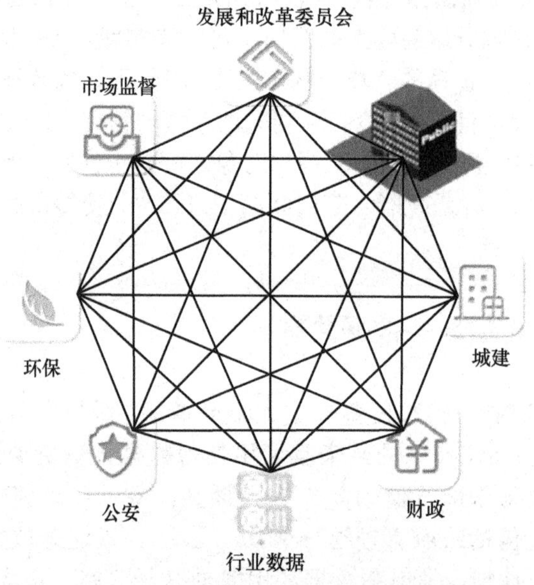

图 7-4　基于区块链的数据共享机制

新型政务数据共享机制基于区块链难以篡改的共享账簿，实现数据全面共享，包括公共数据、行业数据、互联网数据以及政务数据，解决信息安全和数据权威性，通过数据管理和数据治理，构建法人、人口、地理信息等信息支撑大融合数据，为党政部门和企事业单位提供如图 7-5 所示的“一站式”综合数据平台，并承载重点领域大数据应用。该数据平台从数据共享区块链网络中采集数据并更新同步，统一进行智能化管理，服务大众。数据共享平台是安全可信的，同时具有入驻门槛低、服务能力丰富、省时省心、服务专业、响应快速、服务无缝扩容等优点。

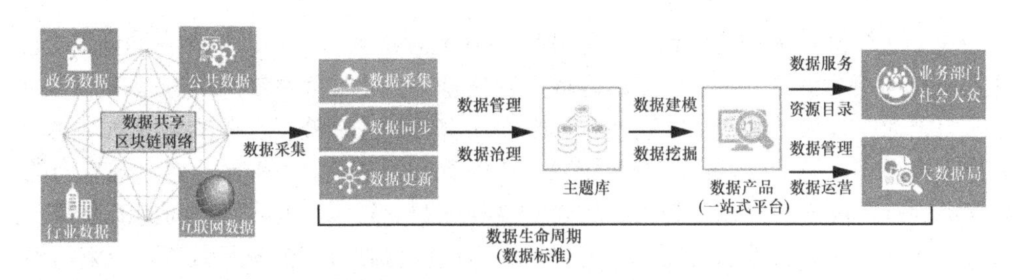

图 7-5　“一站式”综合数据平台

政务数据共享平台的建立需要政府出台区块链发展规划，将创新资源用于基础研究，建立技术标准制度，引导各种研究和发展机构建立相辅相成的协同创新格局。各级政府必须有效掌握区块链在战略、规划、政策和服务的应用，探索其创新发展道路，成立区块链发展基金，配套完善财政政策措施，积极鼓励建立具有驱动力的区块链创新数据中心，优化分配创新资源。同时，政府要加大依法治网力度，完善区块链项目开发许可和备案政策。数据的开放共享需要清晰明确的边界和规章制度。为实现数据共享、数据安全和数据权限之间的平衡，需要明确界定数据的管理权、使用权。

7.4　区块链区域间治理能力提升

随着区域一体化和经济全球化的发展趋势，通过合作实现共赢成为常态，通过区域间合作促进区域经济发展、实现区域间社会治理成为一种主旋律。区域间的社会治理包括国内区域间合作，如省间合作、城市间合作等，以及国际合作，如跨国征信、跨国公司、国际组织等，下面分别对其进行展开介绍。

7.4.1　基于区块链的国内区域间治理体系建设

在经济全球化的大背景下，我国作出了推动区域一体化的重大战略决策，鼓励和支持区域间通过技术、人才以及经济方面的合作，促进共同发展。目前全国五大区域一体化包括环渤海经济圈、珠三角经济圈、长三角经济圈、西三角经济圈以及长江中游城市群，区域一体化通常涉及多个不同的省份或城市，首要需要解决合作的基础——信任问题。

由于区域间存在不同的行政区，需要各方达成共识、签订合同，按照一定的规章制度行事，在商业、教育、医疗卫生、环境保护、社会基础设施建设等方面进行信息共享和协作，获取经济、社会、生态等方面的收益。

基于区块链技术构建的治理体系能够很好地解决区域间治理中存在的问题。通过区块链构建的机器信任，建立起区域间合作基础，通过区块链网络可以在不同的地区根据地区发展的特点，制定相应标准而后施行。区块链可以在参与者中建立一个分布式账本，记录区域内的交易记录，让信息公开透明、可追溯，建立强有力的监管机制；区块链的共识机制为各省市实现在信息、技术、人才等方面的流通提供助力，有效解决协商难的问题；通过智能合约可以提高协议的执行效率，约束违约行为。

总而言之，区块链为区域间的治理提供了一个可行的解决办法，促进了区域间交流合作的有序进行。

7.4.2　基于区块链的跨国合作治理体系建设

在经济全球化的趋势下，跨国公司、国际组织等都需要在全球范围内构建起信任的桥梁实现跨国合作，各国发展得不均衡导致各方的信息不对称，通过区块链建立跨国的数字化信任体系，实现各国更为广阔、更为深入的国际交流合作。

在全球化的背景下，为使资本能够充分流动，及时获取跨国企业的信用信息非常关键，目前专业的评级公司均存在本土优先倾向，而通过区块链实现的跨国征信，区块链的去中心化特性，使信用信息更加的客观和透明，建立起国际社会共同认可的评价标准，帮助决策者做出正确的决策，减少信息不对称带来的信任风险。跨国征信本质上实现了数据的跨境流通，就目前而言数据的跨境流动对于经济增长的贡献已经超过了商品与资本，数据跨境流动是全球化背景下的大趋势，但是还存在着如何实现跨境数据自由流通、如何实现跨境数据的主权保护等问题，通过区块链可以通过加密技术进行信息验证，如通过工作量证明、权益证明等共识算法对收到的信息进行验证，并且分布式账本保障了数据难以被篡改，即使出现故障或恶意节点也不会对系统整体造成影响，通过私钥和签名管理对账本访问的权限进行管理，对涉及国家主权和安全等重要数据进行保护、禁止其在链上的流通，对政府部门或企业组织的数据可以有选择性地流通，个人数据在通过用户授权后进行流通。

跨国数据流通需要各国政府从宏观上进行调配，做好监督、普及、维护的工作，为实现国家安全与发展尽责。此外，还需要企业和个人的积极配合，自觉遵守法律法规，在合法范围内追求利益。区块链构建的信任平台，在实现追求自身利益时也尊重其他国家的主权，建立起平等、共治的信任平台，推动不同文化的交流与融合，减少各国在合作交流中由于发展的差异带来的不平等现象，有效保障了各国在跨国治理中的话语权。

参考文献

[1] 罗培, 王善民. 数据作为生产要素的作用和价值[R]. 清华大学互联网产业研究院, 2020.
[2] 王振, 惠志斌. 全球数字经济竞争力发展报告[R]. 上海社会科学院信息研究所, 2019.
[3] 赵刚, 张健. 数字化信任:区块链的本质与应用[M]. 北京: 电子工业出版社, 2020.
[4] MBA 智库. 什么是经济组织[EB]. 2015.
[5] TAPSCOTT D, TAPSCCOOTT A. 区块链革命: 比特币底层技术如何改变货币、商业和世界[M]. 凯尔, 孙铭, 周沁园, 译. 北京: 中信出版社, 2016.
[6] 郑磊, 郑扬洋. 区块链赋能实体经济的路径: 区块链 Token 经济生态初探[J]. 东北财经大学学报, 2020(1): 19-26.
[7] COASE R H. The nature of the firm[M]//Essential Readings in Economics. London: Macmillan Education UK, 1995: 37-54.
[8] 石超. 区块链技术的信任制造及其应用的治理逻辑[J]. 东方法学, 2020(1): 108-122.
[9] 刘明达, 拾以娟, 陈左宁. 基于区块链的分布式可信网络连接架构[J]. 软件学报, 2019, 30(8): 2314-2336.
[10] 劳佳迪. 你好啊, 区块链![M]. 上海: 东方出版中心, 2020.
[11] 邱明, 韩若冰. 区块链将信息经济学推向第二阶段-信任经济学[EB]. 2020.
[12] 王辉, 孙林, 杨锦洲, 等. 中国联通区块链白皮书[R]. 中国联通研究院, 2020.

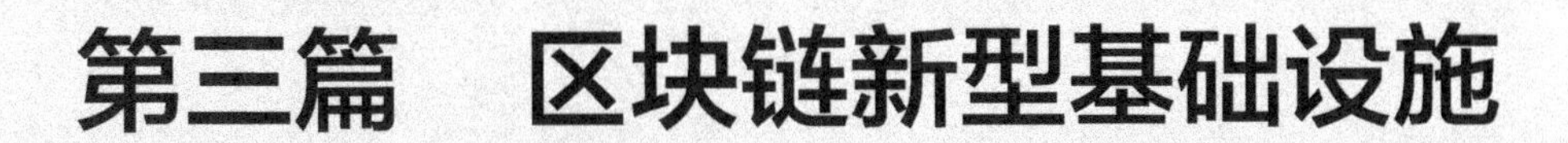

- 第8章　数智化转型中的新型基础设施
- 第9章　区块链新型基础设施
- 第10章　“云—网—链”融合新型基础设施实践

第8章 数智化转型中的新型基础设施

基础设施是经济社会活动的基石，具有便捷性、共享性、先导性和公共性的基本特征，对于国民经济发展至关重要。新基建是对各种新型基础设施的建设，数智化转型则是基于信息数字化基础设施的产业应用，两者将合力助力建设全球产业竞争和投资布局的战略网络，提升国家公共服务设施建设总体水平，推进新技术普惠化发展，为经济发展提供持久动力。

8.1 新型基础设施概述

基础设施在本质上是一种社会传输网络，主要由通道及节点组成，连接是其本质特征。基础设施通过连接不同的地区、不同的民众和不同的服务，传输物品和人们自身，从而实现位置的转移；或者传输水、电、气和信息，使人们获得公共服务[1]。

在工业经济时代，物质和能量是主要传输对象，基础设施主要有交通运输、管道运输、水利设施和电网4类。通俗来说，传统基础设施是以铁路、公路、水利、桥梁工程为代表的物理基础设施。随着数字经济时代的到来，信息成为越来越重要的传输对象。作为传输信息的通道，信息网络是数字世界的“高速公路”，成为新的基础设施。正如高速公路网络不仅由公路组成，还包括桥梁、车站、服务区和调度系统等，信息的聚合、分析、处理与信息传输密切相关、相互配套。因此，存储系统、计算能力与传输通道共同构成了信息网络系统，即信息基础设施。基础设施的主要类型及其组成见表8-1。

初级工业化的经济体经济增长主要依靠资本积累，发达经济体的发展源于生产率的提高。目前，我国经济动能正在向后一阶段转换，新基建能够适应中国社会主要矛盾转化和我国经济迈向高质量发展要求，能更好地支持创新、绿色环保和消费升级，在补短板的同时为新引擎助力，这是新时代对新基建的本质要求，也是新基建与传统基建最大的区别。新基建乘数效应更大，在推动投资和生产的同时促进消费和内需，参与主体更加多元化[2]。

表 8-1　基础设施的主要类型及其组成

基础设施类型	基础设施名称	传输对象	通道	节点
传统基础设施（物理基础设施）	交通运输	汽车、自行车	公路	汽车站、桥梁、服务区
		火车	铁路	火车站、桥梁
		飞机	空域	机场
		轮船	江河湖海	码头
	管道运输	水	水管	自来水厂
		热力	热力管道	供热中心
		燃气	燃气管道	制气站
		原油、成品油	输油管	炼油厂、加油站
	水利设施	水	河道、堤防	湖泊、水库
	电网	电	电网	发电厂、变电站
新型基础设施（信息基础设施）	信息网络系统	信息	信息网络	存储系统、计算能力

新基建的“新”主要体现在五大方面，新基建与传统基建的区别如图 8-1 所示。

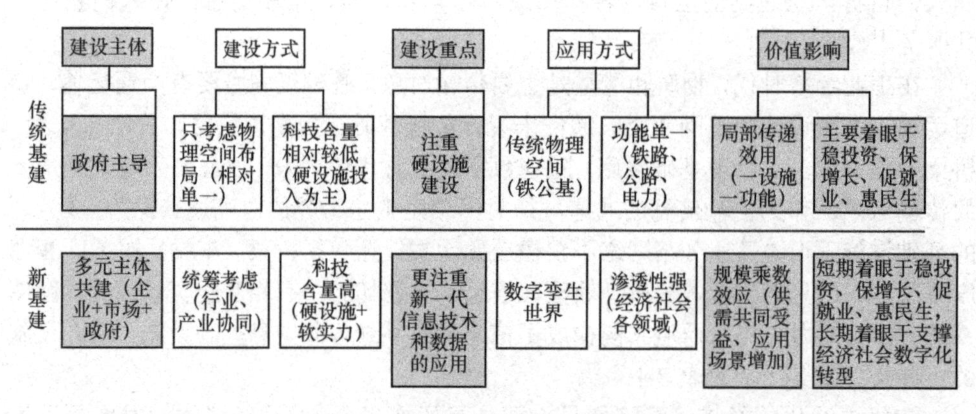

图 8-1　新基建与传统基建的区别

信息基础设施也即新型基础设施（简称新基建），主要包括 5G 基站建设、特高压、城际高速铁路和城市轨道交通、新能源汽车充电桩、大数据中心、人工智能、工业互联网七大领域，涉及诸多产业链，是以新发展理念为前提，以技术创新为驱动，以信息网络为基础，面向高质量发展需要，提供数字转型、智能升级、融合创新等服务的基础设施体系。新基建，在 2018 年 12 月中央经济工作会议被首次提及，该会议提出“要发挥投资关键作用，加大制造业技术改造和设备更新，加快 5G 商用步伐，加强人工智能、工业互联网、物联网等新型基础设施建设”。2019 年，“加强新一代信息基础设施建设”被写入政府工作报告。2020 年 1 月国务院常务会议、2 月中央深改委会议、3 月中央政治局常委会议持续密集部署。从中央会议内容看，新基建侧重于 5G 网络、数据中心、人工智能、工业互联网、物联网等新一代信息技术。2020 年 3 月 2 日，央视中文国际频道报道称，“新基建”指发力于科技端的基础设施建设，主要包含 5G 基建、特高压、城际高速铁路和城际轨道交通、新能源汽车充电桩、大数据中心、人工智能、工业互联网七大领域。2020 年 4 月 20 日，国家发展和改革委员会首次明确“新基建”的范围，包括信息基础设施、融合基础设施、创新基础设施 3 个方面。

（1）信息基础设施

主要是指基于新一代信息技术演化而成的基础设施，例如，以 5G、物联网、工业互联网、卫星互联网为代表的通信网络基础设施，以人工智能、云计算、区块链等为代表的新技术基础设施，以数据中心、智能计算中心为代表的算力基础设施等。

（2）融合基础设施

主要是指深度应用互联网、大数据、人工智能等技术，支撑传统基础设施转型升级，进而形成的融合基础设施，如智能交通基础设施、智慧能源基础设施等。

（3）创新基础设施

主要是指支撑科学研究、技术开发、产品研制的具有公益属性的基础设施，如重大科技基础设施、科教基础设施、产业技术创新基础设施等。

作为数据安全保障、现代化治理、数字化产业体系的一环，区块链也被正式纳入新基建范畴，整体方向依旧保持一致，以我国整体的数字化建设为主，通过相应的新型基础建设，促进数字经济的发展。

区块链技术作为我国自主创新核心技术的重要突破口，将打造基于可信数据的创新链、应用链、价值链，并与 5G、人工智能、大数据、物联网等前沿信息技术深度融合，推动信息互联网向价值互联网的转型升级。在不久的将来，区块链将有希望成为技术创新和模式创新的“策源地”，在促进数字经济模式创新和高质量发展等方面发挥更加重大作用。

8.2 国家高度重视新型基础设施建设

长期以来，我国一贯重视基础设施建设，基建能力位居世界前列，基础设施的乘数效应得到充分释放。国家布局“新基建”，既有面向未来塑造数字竞争力的考量，更有支持当下经济可持续发展的现实需要。基础设施对经济社会的引领带动作用十分明显，新基建建设意义如图 8-2 所示。根据《大众日报》报道，基础设施建设增速每提升 1 个百分点，将拉动 GDP 增速 0.11 个百分点左右。

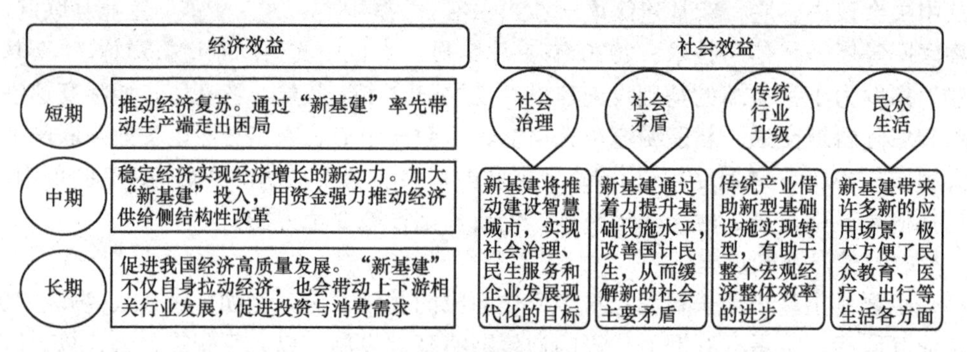

图 8-2 新基建建设意义

“新基建”的前瞻价值和战略意义无须赘述，但稳增长仍需要“新基建”和传统基建双管齐下。传统基础设施的存量市场大，仍有着十分可观的增长空间。实际上，从中央的 8 次重要会议来看，除了两次国务院常务会议外，其他 6 次都是传统基础设施和新型基础设施同时提到，甚至对传统基础设施的表述更为详尽、更为具体。中央 8 次重要会议对基础设施的表述见表 8-2。因此，我们要充分认识到，“新基建”和传统基建双管齐下，才能推动经济向好发展。

表 8-2 中央 8 次重要会议对基础设施的表述

时间	会议/文件	相关表述	
		传统基础设施	新型基础设施
2018 年 12 月	中央经济工作会议	加大城际交通、物流、市政策基础设施等投资力度，补齐农村基础设施和公共服务设施建设短板	加快 5G 商用步伐，加强人工智能、工业互联网、物联网等新型基础设施建设
2019 年 3 月	《政府工作报告》	完成铁路投资 8000 亿元、公路水运投资 1.8 万亿元，再开工一批重大水利工程，加快川藏铁路规划建设，加大城际交通、物流、市政、灾害防治、民用和通用航空等基础设施投资力度	加强新一代信息基础设施建设

（续表）

时间	会议/文件	相关表述	
		传统基础设施	新型基础设施
2019 年 5 月	国务院常务会议	—	把工业互联网等新型基础设施建设与制造业技术进步有机结合
2019 年 7 月	中央政治局会议	实施城镇老旧小区改造、城市停车场、城乡冷链物流设施建设等补短板工程	加快推进信息网络等新型基础设施建设
2019 年 12 月	中央经济工作会议	推进川藏铁路等重大项目建设。 加快自然灾害防治重大工程实施，加强市政管网、城市停车场、冷链物流等建设，加快农村公路、信息、水利等设施建设	加强战略性、网络型基础设施建设。 稳步推进通信网络建设
2020 年 1 月	国务院常务会议	—	出台信息网络等新型基础设施投资支持政策
2020 年 2 月	中央全面深化改革委员会第十二次会议	会议审议通过了《关于推动基础设施高质量发展的意见》。 统筹存量和增量、传统和新型基础设施发展，打造集约高效、经济适用、智能绿色、安全可靠的现代化基础设施体系	
2020 年 3 月	中央政治局常务委员会会议	加快推进国家规划已明确的重大工程和基础设施建设	加快 5G 网络、数据中心等新型基础设施建设进度

8.3　新技术基础设施的价值与作用

新基建是指以 5G、人工智能、工业互联网、物联网为代表的新型基础设施，本质上是信息数字化的基础设施。数字化转型指的是通过新型信息技术，将现实世界映射到由算力构建的全感知、全连接、全场景、全智能数字世界的过程。由这两个概念可以看出，通过新基建和数字化转型的合力就能完成数字化世界的构建[3]。

2020 年 6 月，在全球移动通信系统协会（GSMA）举办的大会上，中国移动董事长杨杰发表《加快数字化创新，共筑可持续未来》主题演讲，提出了数字化转型的“五纵三横”的新特征，如图 8-3 所示[4]。

“五纵”是当前信息技术向经济社会加速渗透的 5 个典型场景。一是基础设施数字化，信息技术向基础设施建设运营全生命周期渗透赋能，使基础设施更加智能、高效。二是社会治理数字化，基于社会化大数据的应用创新和精细化管理决策贯穿于社会治理各环节，加速治理模式由人治向数治、智治转变。三是生产方式数字化，通过优化重组生产和运营全流程数据，推动产业由局部、刚性的自动化生产运营向全局、柔性的智能化生产运营转型升级。四是工作方式数字化，远程办公应用加速普及，线下集中的传统办公模式将向远程协同常态化的新办公模式不断演进。五是生活方式数字化，数字生活应用沿生活链条不断延展，从满足规模化、基础性的生活需求向满足个性化、高品质的生活体验升级。

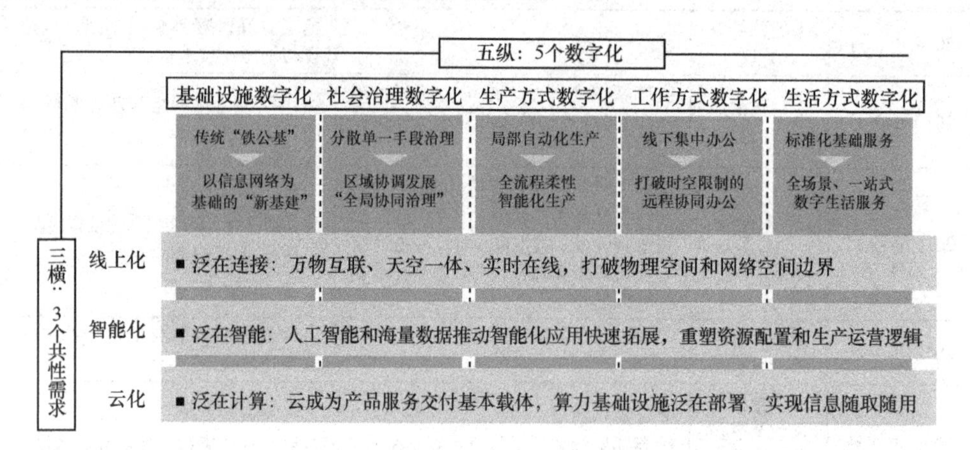

图 8-3　产业转型呈现“五纵三横”特征趋势

“三横”是当前经济社会数字化转型的三大共性需求。随着疫情下经济社会数字化进程加速，线上化、智能化、云化平台逐步成为全面支撑经济社会发展的产业级、社会级平台，并呈现出横向延展的新特征。一是线上化，永续在线打破物理空间和网络空间的边界，拉动连接规模持续增长；二是智能化，全量数据挖掘重塑资源配置和生产运营逻辑，数据成为关键生产要素；三是云化，云基础设施由“中心”向“中心+边缘”结合的立体布局转变，成为产品服务交付的基本载体。

整体来看，“五纵三横”体现了信息技术正由局部相关领域向经济社会各领域广泛深入扩散，将进一步促进社会创新水平的整体跃升和生产力的跨越式发展，也将开启信息通信业发展的新阶段。预计到 2025 年，我国数字经济规模将达到 60 万亿元，国内软件和信息服务业收入规模也将达到 13 万亿元。

当前，以“五纵”为代表的典型场景加快突破，新产业、新业态、新模式不断涌现；以“三横”为代表的共性需求集中爆发，线上化、智能化、云化加速演变为支撑经济高质量发展的产业级、社会级平台通用能力。这些产业变革趋势，为信息服务创造了广阔的市场空间。社会经济的可持续发展，就要把握新一代信息技术深度融入经济社会民生的历史性机遇，提升自主创新能力，培育壮大发展新动能，拓展信息服务新空间。

“数智化”是将数字化、智能化有机结合，在以劳动、资本等传统要素为驱动的经典增长模型中进一步引入新要素，形成以高速网络为基础，信息技术、数据要素为驱动的新型增长模式，实现对传统要素价值的放大、叠加、倍增。对内要在夯实网络领先优势的基础上，依靠数智化技术，全方位、系统性重构业务、能力、组织体系，打造数据驱动的科学决策能力、高效利用资源配置能力、全局优化的运营管理能力，在较大规模基础上实现增长速度、收入结构、效率效益的可持续、跨越式发展；对外要以数字化、网络化、智能化驱动社会主义现代化国家建设，培育拓展符合时代要求的新科技、新产品、新业态，助力实体经济提升全要素生产率，促进经济发展质量变革、效率变革、动力变革。

现阶段传统企业数字化转型的过程，就是一个上云与用云的过程。企业上云离不开云计算，云计算离不开数据中心。人工智能、5G 等技术以整体解决方案的形式，通过 SaaS（Software as a Service）、PaaS（Platform as a Service）、IaaS（Infrastructure as a Service）等云计算模式部署到企业。也可以说，企业进行数字化转型的过程，就是应用新基建的过程。因为数据的敏感性以及很多企业的特殊需求，一些企业在用云方面选择了混合云。所谓混合云，就是一部分私密性的业务放到私有云也就是自建互联网数据中心（Internet Data Center，IDC）之中，更多的业务则放到公有云之上以节省更多成本。这种模式之下，企业不只是在应用新基建，同时也在投资建设新基建。

数字化转型离不开新型基础设施的底层支撑。从供需关系上来看，当前诸多企业都有转型升级的需求。数字化转型是需求端，它是经济发展与社会进步造就的企业集体诉求。新基建实则是解决措施，有了更多新型基础设施的底层支撑，企业数字化转型成功的概率更大，同时新基建的应用也能为企业的转型升级提供一些必要的方向指引。所有的新基建项目，最终都要通过解决方案，应用并赋能每个企业。

新基建，如何驱动数字化转型？

首先，新基建产生的规模化效应，会降低企业数字化转型成本。随着新基建在各地、各行业大量投资与兴建，以及传统基建升级为新基建，待体量上升以后，新基建形成惠普效应，可在一定程度降低企业综合应用新基建技术的成本。这样，就能让更多中小企业以更小的投入完成数字化转型。

其次，企业要应用新技术，必然会投资新基建，由此可以加速数字化转型。这里的新基建投资，大体可分为以下两种情况。一是部分企业对外参与新基建项目投资，虽然其目的是以后能够从中获取回报，但更多的投资必然会延伸到新基建需求端，进而促进更多企业的数字化转型。二是对于有新基建需求的企业，以下 3 种决断都会直接或间接推动数字化转型：自建数据中心本身就是一种投资，并且还有可能引入外部投资；一些企业会战略投资或者收购新基建项目，用于以后的商业拓展及数字化转型；平台型企业的新基建项目一旦成型，能够积极推动其商业合作伙伴的升级转型。

最后，新基建在不同组织的应用，可有效倒逼产业链上下游企业的数字化转型。一方面，政务等市场是一个相当庞大的市场，如果各地政府能够自上而下推动对新型基础设施的应用，数字化转型就会在各级部门带动施行。另一方面，如果所在行业的上游企业或者下游企业应用新基建进行了一定的数字化升级，与之对接业务也就不得不进行升级，这样整个行业都开始进行数字化转型。对于这一点，央企、国企以及其他大型企业对其供应商能力乃至产业链的升级起到了积极的推动作用。

历史证明，在任何技术变革之时，企业等组织都会对升级转型有一定的诉求。相对于蒸汽时代，电力时代是如此。相对 PC 互联网时代，移动互联网时代是如此。现在基于 AI、IoT、算力网络、区块链的“互链网”时代，相对移动互联网时代也是如此。在电力时代之后，新型信息技术与各产业的融合与改造成为时代发展的主旋律。新一代信息技术的日渐成熟与爆发式应用，使得数字化转型成功的系数不断提高。来到现在这个节点，传统企业的转型需求，也都顺理成章转变为数字化转型[3]。

我国将加快“新型基础设施”建设进度，新型基础设施建设是数字社会发展的重要基石。新基建不仅作为刺激需求、恢复经济的有力措施，更成为我国拉动产业的发展、为经济提供持久动力的重大战略部署。

第9章 区块链新型基础设施

当前互联网是信息传递的网络，随着互联网的快速发展，特别是互联网技术对数字经济的重要影响，更要解决互联网存在的弱信任问题。区块链块链式的存储结构保证了存储在链上的数据难以被篡改、可以被追溯，有效解决社会经济活动开展所需的跨实体信任问题，区块链网络正成为未来发展数字经济不可或缺的信任基础设施。

9.1 区块链新型基础设施概述

9.1.1 区块链新型基础设施的定义

以信息技术为基础的新基建迅速崛起导致基础设施内涵和范畴不断外延、扩展和丰富。传统基础设施主要是指铁路、公路、桥梁等看得见、摸得着、服务于物理世界的设施，为物理世界建立起了实际连接网络，有效提高了人类社会运行效率。而新型基础设施是以技术创新为驱动，以网络化或信息化形式服务于数字世界的基础设施，创新了经济运行模式。

狭义的区块链基础设施是分布式信任平台。区块链基础设施是由遵循一套预先定义好共识机制的节点构成的可信网络平台，每个节点自下而上由基础资源、区块链核心技术框架、服务系统组成，其上部署基于分布式共享账本和智能合约的应用服务。区块链基础设施提供的分布式可信管理模式将推动数字经济高速发展，如创新金融服务模式、促进医疗数据开放共享、文化成果转化和实现制造业个性化定制。

广义的区块链基础设施是大规模可信协作网络，可以定义为一种新的分布式治理理念。区块链基础设施基于共识机制构建的智能计算网络，形成了经济社会运行的信任模型，通过智能合约定义业务参与方承诺执行的协议，将物理世界无序的业务规则化。两者结合形成大规模的协作网络，将重新构建数字经济时代秩序、规则和信任机制，直接影响原有的社会组织方式、商业秩序，颠覆数字经济时代的生产关系，创新商业模式，实现市场智能化运作。

随着 Web3.0 及元宇宙的技术应用演进，以及政策的指导支持，区块链技术应用和产业发展将迎来一个明显加速的过程，区块链技术体系进一步丰富、发展和完善，同时将在更多实体场景、行业和产业中加快应用发展。区块链将在促进数据共享、优化业务流程、降低运营成本、提升协同效率、建设可信体系等方面发挥基础性支撑作用。我国的互联网普及和基础设施比较领先，为区块链发展提供良好基础。可以畅想，区块链技术未来会广泛应用在几乎所有信息化业务系统中，形成服务于数字化产业的基础设施、技术标准和广泛应用。

9.1.2　区块链新型基础设施的特征

区块链具备新型基础设施范畴持续拓展延伸的特点。信息技术创新活跃，信息技术之间、信息技术与传统领域之间都在深度融合，越来越多的新兴信息技术正在演进形成新的基础设施形态。区块链应用范围正在由虚入实，逐步拓展至金融业、制造业、服务业等，随着区块链技术与实体经济深度融合，区块链基础设施形态正在逐渐形成。

区块链具备新型基础设施技术迭代升级迅速的特点。新型基础设施技术性强，技术在不断升级，部分技术还不稳定，数字基础设施需要迭代式的开发。区块链基础设施也不是一蹴而就的，同样需要快速迭代开发，以满足瞬息万变的市场需求。

区块链具备新型基础设施持续性投资需求大的特点。信息技术迭代快的特点决定了新型基础设施建设和运营需要大量的持续性投入，而不仅仅是一次性投资。区块链架构虽然基本形成，但是扩容、分布式存储、隐私保护等技术不断创新以满足业务发展的需求。区块链项目多引入基金会的模式对生态可持续发展提供资金支持。

区块链具有新型基础设施互联互通需求更高的特点。在以市场力量为主的建设模式下，统一的建设标准和建设规范更为重要。单独为政的区块链类似于局域网，难以大范围统一使用，规模影响力有限，而跨链互联的区块链类似于广域网，实现了服务范围的延伸，可以发挥基础设施规模化优势。所以，区块链基础设施互联互通需求明显，建设需要整合行业和区域需求，从顶层规划出发，实现跨链协同。

区块链具有新型基础设施安全可靠要求更高的特点。新型基础设施实行联网运行，恶意攻击或者网络故障将给社会带来不可估量的损失。区块链构建了机器的信任，但代码的逻辑还是人构建的，如果出现漏洞或者被攻击将导致信任基础的全面瓦解，对新型基础设施代码的可信性检查和安全审计至关重要。2016 年“The DAO”事件，攻击者发现软件存在递归调用漏洞问题，对其发起攻击，最终导致以太坊硬分叉。

区块链具有新型基础设施对技能和创新人才需求大的特点。新型基础设施建设和运营对技术要求高，需要大量的技术型人才和融合型人才。尤其是区块链相对前沿，可借鉴经验少，拥有相关知识结构和工作经验的人才在现阶段极度稀缺。据国际权威咨询机构 Gartner 预测，未来 5 年中国区块链人才缺口将达 75 万人以上。2021 年 2 月，人力资源社会保障部与工业和信息化部联合颁布了区块链工程技术人员国家职业技术技能标准，为人才需要构筑基础保障。

9.1.3　区块链新型基础设施的分类

从数据和组织边界的角度，可将区块链基础设施分为区块链公有基础设施和区块链私有基础设施。

区块链公有基础设施的参与权限没有硬性要求，服务于多个企业，链上存储多个企业的交易数据，任何个人、组织都可以自由加入或退出。链上的所有数据记录公开、透明，访问门槛低。并且任何人都能参与共识过程，可以发送交易信息，竞争记账权，并进行交易合法性与有效性的确认。其典型代表有区块链服务网络（BSN）、星火•链网等。

区块链私有基础设施的开放程度很低，其服务于单个企业，只有单个私有机构的内部交易数据上链。记账权并不公开，数据的写入、修改权限仅在少数人手中，数据隐匿性高。目前很多大型的公司、集团都在开发自己的私有基础设施，它可以用于企业管理、财务审计、银行清结算等，典型代表有百度链、蚂蚁链等。

由于区块链网络节点规模更加适配开放的应用生态，因此，区块链公有基础设施架构将成为主流发展趋势。区块链公有基础设施将向上层应用开放共享，满足多方业务需求，节点分级分类管理，支持差异化监管功能，服务深度和广度都满足基础设施的需求。

9.2　区块链公共基础设施实践

9.2.1　区块链服务网络

区块链服务网络（BSN）是应用区块链技术践行国家战略、解决重点问题、创造实际价值的典型代表，已在区块链资源环境搭建、数据孤岛治理、信息技术融合、产业生态赋能等多方面发挥更加积极的基础性支撑作用。

1. BSN 背景及概述

服务网络是一个整体架构，由四大部分组成：公共城市节点、区块链底层框架、多门户网站和运维系统。总体来说，互联网是通过 TCP/IP 将所有数据中心连接起来的，而 BSN 是通过一组区块链运行环境协议将分属各家的数据中心连接起来的。联盟链应用有两个核心机制，以使用最广泛的框架 Fabric 的名词来说，一个是记账节点，另外一个是共识排序节点。以太坊体系内用的是其他名字，但机制和原理一致。按照传统联盟链搭建方式，每个链都是局域网结构，都必须建立自己的记账节点和排序机制，为了部署这些节点，联盟链应用参与的每一方都要建立单独的运营环境，都要购买服务器或者云资源。如果 1 个公司参加 10 个不同联盟链应用，原则上需要购买 10 次云服务，而且存在云服务资源闲置的风险。所以，服务网络的理念就是把区块链运行资源做成公共服务，每个应用不用建设自己的运行环境，而是在服务网络上按需购买公共资源。就像建立水厂一样，吃水不需要自己去打井，区块链服务网络在城市中间建一个水厂，由应用方接水管，按需买入。所以，服务网络是一个公共基础设施的概念。

第一，BSN 大幅度降低了区块链开发、部署、运维、互通和监管成本，将促进区块链技术的普及和发展；第二，BSN 是在全球部署的，由中国控制入网权的全球化基础设施网络；第三，BSN 是中国发展数字经济、智慧城市的核心基础设施之一；第四，BSN 是基于互联网和共识机制的第二代智能专业互联网，是互联网的价值转型和能力提升；第五，BSN 可以作为国家全球经济战略的关键能力载体，推动跨境数据交互。

2. BSN 架构

BSN 本身并不是一个“链”，而是为区块链应用基于互联网的传输机制建立的一套公共运行环境，实现所有区块链应用的资源共享与互联互通，BSN 整体架构如图 9-1 所示。

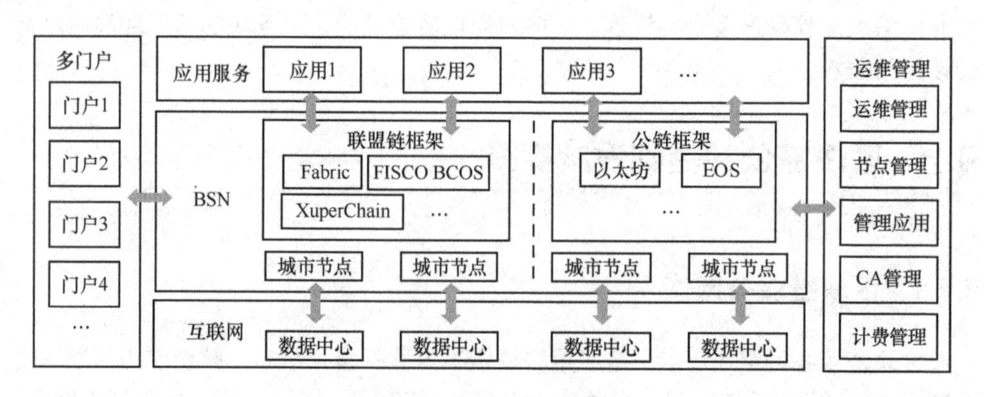

图 9-1 BSN 整体架构

在整体架构中，公共城市节点负责管理公共记账节点资源。开发者不需要自己再去搭记账节点，直接在 BSN 上选择所需资源和发布应用。根据应用的 TPS 要求分配记账资源，让开发者只购买自己需要的资源，不会产生浪费。联盟链底层框架相当于区块链应用的操作系统，服务网络是支持多框架并行运行的，目前已支持 Hyperledger Fabric、微众银行的 Fisco Bcos、溪塔科技的 Cita、百度的 XuperChain 等。在国外的 BSN 门户和公共城市节点上，也支持建立公有链节点。服务网络与互联网类似，也支持多门户。每个门户包括注册登录、购买资源、发布应用、监控整个应用的运营情况、授权应用的使用、管理联盟链等。同时，服务网络有一个庞大的运维系统，包括运维管理、节点管理、应用管理、CA 管理和计费管理等。

BSN 的技术架构可分为云资源层、底层技术框架层、门户层和区块链应用层，如图 9-2 所示。云资源层由云资源方提供，BSN 提供任何云资源方和云服务方的接入能力，组成 BSN 遍布全球的公共城市节点（资源池）；底层技术框架层可以被看作区块链应用的操作系统，BSN 集成行业主流标准联盟链、开放联盟链、公链框架，提供同构、异构的底层框架间以及链上链下业务系统数据的低成本互联互通；门户层由云资源门户或专业的门户运营方管理，门户方可快速并低成本地建立 BaaS 平台，向客户提供区块链服务，并可自行定义和建设用户界面、用户管理和支付系统等；区块链应用层，开发者可以在任何一个 BSN 门户内，根据自己的业务需要，选择不同的底层框架，然后选择全世界任何城市节点部署和发布自己的应用，BSN 同时提供应用开发环境、业务上链工具和应用商店，支撑客户的任何区块链应用一键上链与灵活部署。

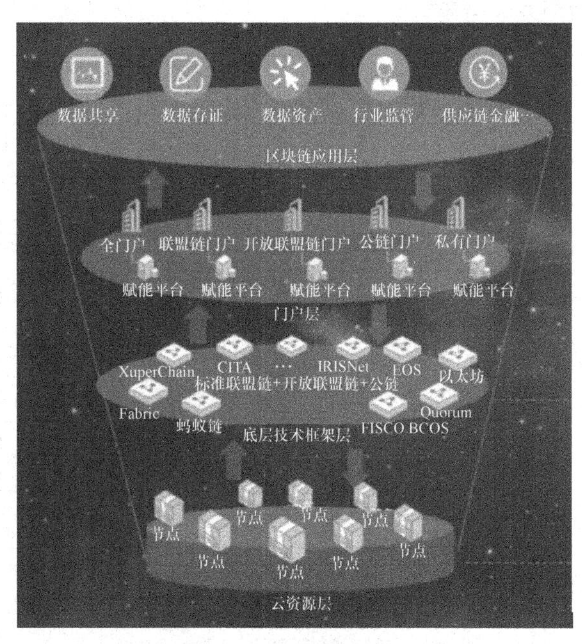

图 9-2　BSN 技术架构

BSN 运转流程如图 9-3 所示。

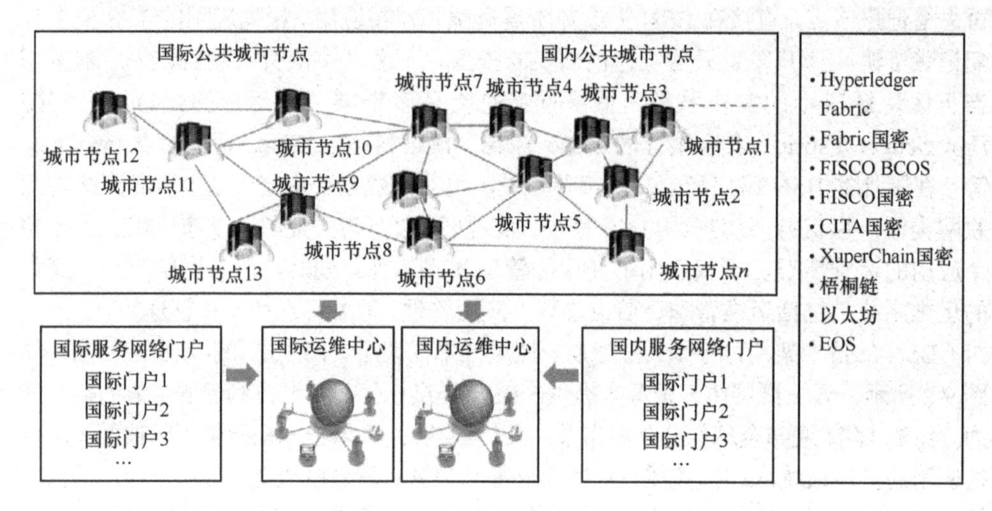

图 9-3 BSN 运转流程

区块链服务平台依托云基础设施，基于区块链云管平台的技术架构以标准、易用的方式为应用提供区块链能力。

BSN 区块链云管平台主要由区块链节点网关服务、底层框架层技术架构、运营管理平台、运维管理平台和应用门户等相关系统、平台及门户集成，区块链云管平台技术架构如图 9-4 所示。

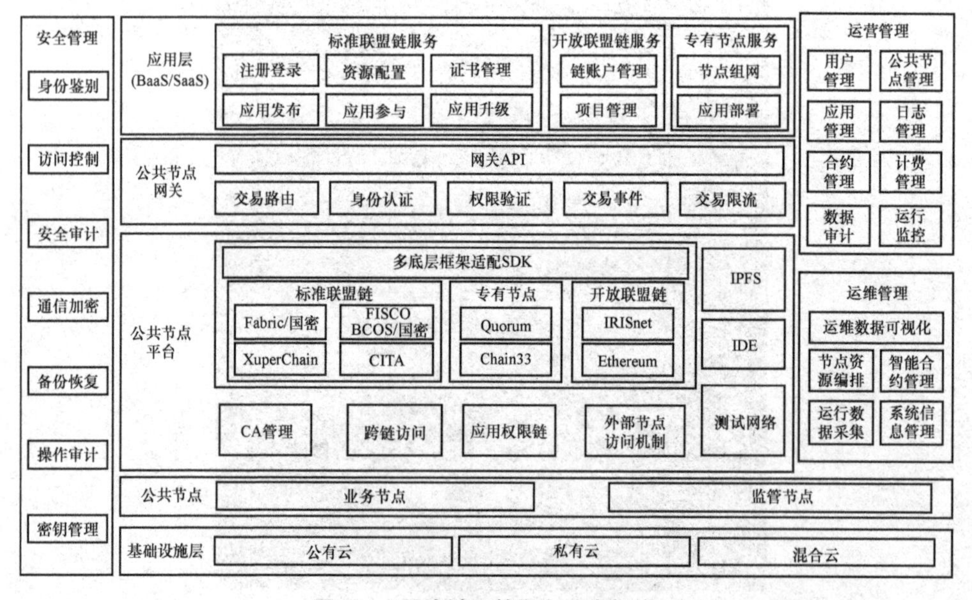

图 9-4 区块链云管平台技术架构

（1）区块链节点网关服务

节点网关服务由公共节点提供，负责与业务系统进行通信，由业务系统调用来完成区块链信息的存取和传输。

（2）底层框架层

部署多个联盟链底层框架并提供多底层框架适配 SDK，开发人员可以选择任何框架进行应用的开发和部署，每个框架均支持国密和非国密版本。

（3）运营管理平台

负责整个联盟链公共节点的接入管理、用户和权限管理、链内应用管理、CA 证书管理、预置应用管理以及运行监控和统计分析等。

（4）运维管理平台

实现对底层网络中智能合约的部署和更新、网络运行状态监控、服务资源动态分配和编排以及相关运行数据采集。

（5）应用门户

通过应用门户，企业用户、区块链应用开发者可实现在线申请、发布、更新应用，以及资源申请和调整等具体业务功能。

区块链云管平台支持基于用户私有云及第三方公有云的扩展，在其上搭建包含业务节点和监管节点在内的公共节点。业务节点是专网内各业务系统的联盟链记账节点，监管节点在每个联盟链创建时自动加入，用于运营方对专网内各联盟链应用数据监管。

（1）公共节点平台

公共节点平台是区块链运行环境的基础运行单元，其主要功能是为区块链应用运行提供访问控制、交易处理、数据存储和计算力等系统资源。每个区块链公共点节点建成后，应用发布者就可以通过门户系统选择该节点，并选择其资源作为应用部署的区块链公共节点之一。当一个区块链公共节点内资源使用趋于饱和时，可以随时增加系统资源来提高区块链公共节点的负载能力。根据已运行的应用数量和并发需求，每个区块链公共节点均动态部署一定数量的验证节点和记账节点（统称为“区块链节点”），并通过负载均衡机制为高并发应用动态分配独享的高性能资源配置区块链节点，而让多个低并发应用共享一个区块链节点。这样的机制可以使公共节点的资源得到充分利用，降低底层技术平台整体运行成本。

（2）多底层框架适配

公共节点平台中适配了多种底层框架，在此基础上，根据联盟链的使用方式，又可划分为标准联盟链、专有节点服务和开放联盟链。

- 标准联盟链：可以让用户自行选择建链的底层框架和建链的配置（如容量、TPS、流量等），记账节点可与其他应用的记账节点共享虚拟主机，利用通道或群组的方式进行数据和业务隔离。
- 专有节点服务：可由用户自行选择建链的底层框架和建链的配置（如容量、

TPS、流量等），每个记账节点独占一个虚拟主机。

- 开放联盟链：由运营方预先部署多个记账节点，用户只需要选择合适的底层框架，然后部署合约即可，各应用共享记账节点。

（3）应用权限链

应用权限链是底层技术平台区块链运行环境中用于管理每个应用内角色与权限配置关系的系统基础链。其部署在所有的区块链公共节点内，为各应用提供统一链上存储、应用开发者完全控制、基于应用-角色的权限控制（Application-Role-Based Access Control，ARBAC）管理模型的权限管理机制。区块链应用可以根据自身业务特点，定义多级 ARBAC 管理模型，使不同角色的参与者具有不同的数据处理权限。在参与者通过公共节点接入底层技术平台中的应用时，系统会根据应用内的 ARBAC 管理模型，进行数据处理的权限控制和审计。系统权限链为应用提供联盟式和集权式两种组织管理模式：在联盟式管理中，参与应用的组织之间是对等的，可以共同参与整个应用的管理，如用户参与和退出、参与者的权限分配等机制可由各联盟成员协商投票决定。而在集权式管理中，应用发布者为唯一管理组织，决定整个应用内部机制。

（4）IFPS（Interactive Financial Planning System）

提供基于 IPFS 协议的分布式文件存储服务，满足专网内大文件数据可信存储的需求。

（5）集成开发环境（Integrated Development Environment，IDE）

为区块链应用开发者提供统一的界面，提供基于不同底层框架和智能合约语言的开发调试环境，实现智能合约的在线部署、在线调试。

（6）测试网络

为内部用户提供区块链技术的测试环境，可以实现基于不同区块链底层框架的应用的测试发布、IPFS、跨链等与区块链相关技术的沙箱测试。

（7）统一 CA 服务

主要用于对不同的区块链底层框架所需密钥进行登记以及证书的颁发、延期、吊销和状态检查，同时对不同的区块链框架的上链数据提供数据签名以及验签等功能。

（8）智能网关

区块链技术是一种基于共享账本、点对点传输和加密算法的分布式数据库技术。因此仅依靠应用智能合约无法实现复杂的应用业务逻辑。每个区块链应用的参与方大多有自己的链下应用业务系统，应用业务系统与区块链智能合约结合，形成完整的区块链应用架构。部署在每个区块链公共节点内的智能网关负责链下应用业务系统与区块链公共节点内的区块链节点之间的数据交互，除了提供应用身份认证、交易鉴权和接入管理外，还提供统一的网关接口适配标准，使整个区块链网络的复杂性对外部应用业务系统进行隐藏，从而帮助链下应用业务系统能简单、高效地接入区块链网络。智能网关还根据其链下应用业务系统的运行环境提供了一整套软件开发工具包（SDK），使其能够在自主环境内管理区块链网络连接密钥和数据加密机制。

（9）节点管理服务

节点管理服务主要负责连接平台运维管理系统及各联盟链框架区块链节点，具体包括节点基本信息采集、节点运行信息采集、应用链资源信息采集、区块信息采集、应用链创建与节点动态加入或退出，以及智能合约部署、升级、卸载等功能。

（10）跨链通信枢纽

跨链通信枢纽采用异构链的跨链协议和双层结构设计，使用中继链作为跨链协调器，多条异构链作为跨链事务执行器，通过解决跨链信息的有效性、安全性和事务性等问题，实现了一套安全、易用、高效的跨链体系。

（11）应用门户

主要为广大开发者提供服务，开发者可以通过门户发布联盟链应用，并对不同应用的密钥及证书进行统一管理等。

（12）运营运维系统

主要用于管理区块链的公共节点、系统用户、文档资料、活动信息，以及进行数据统计分析、用户审核、应用服务发布、产品上架等操作。除此之外，还可进行数据可视化、节点资源编排、应用部署管理、运营数据采集和系统信息管理等操作。

3. BSN 能力

BSN 设计和建设的初衷就是提供一个可以低成本开发、部署、运维、互通和监管区块链应用的公共基础设施网络。作为全球性公共网络，区块链服务网络同时支持联盟链和公有链底层框架，但负责具体运营的各门户应按照所在地法律规定对所支持的底层框架和发布的区块链应用进行合法合规性的筛选和管理。

BSN 最大的特点是多技术路线的兼容性和拓展性，适配国内外多个联盟链和公链底层框架，可实现跨链、跨网，并在国内同时提供标准联盟链和开放联盟链服务的底层资源环境。用户可根据业务特性选择不同底层框架进行应用开发，不同应用数据及合约相互隔离，安全性高，且可实现便捷低成本的跨应用数据共享，避免出现新的信息孤岛。同时，BSN 可与其他 BSN 政务及行业专网、BSN 公网进行互通，能够极大地发挥数据要素的协同价值。此外，BSN 适配的框架均为代码开源框架，避免人为隐藏恶意代码，从底层代码的审核上有效防范风险。最后，BSN 专网可选择部署多个增值服务模块，包括可信存储的星际文件系统（Interplanetary File System，IPFS）、开放联盟链、收费计费模块、BSN 跨链通信枢纽（Interchain Communication Hub，ICH）跨链工具、隐私计算等，为用户提供更多的技术和环境选择。

（1）BSN 公网——国外

BSN 于 2020 年 4 月 25 日正式进入商用阶段，并开启了 BSN 国际版官网的海外公测。BSN 海外公共网络是一个基于开源、免费、可由任何人安装的“BSN Spartan 数据中心”软件的公共基础设施网络。在数据中心内可安装多个“无币公有链”的节点。通过从公有链的最底层移除了数字货币机制，BSN Spartan 网络致力于为全球的信息化系统提供一个“无币公有链”的公共 IT 系统基础设施。

（2）BSN 公网——国内

BSN 开放联盟链（BSN Open Permissioned Blockchain）是用于部署和运行各类区块链应用的一站式区块链服务运行环境。BSN 将海外较为先进的区块链链技术进行了改进，使之符合我国的政策。OPB 包括多条基于公有链框架和联盟链框架搭建的公用链，开发者可以选择适合业务需求的开放联盟链部署和运行智能合约和分布式应用，每条 OPB 各有特点和优势，使用方便简洁。在符合国家监管政策的前提下，实现“开箱即用、快速上链”。开放联盟连的整体架构如图 9-5 所示。

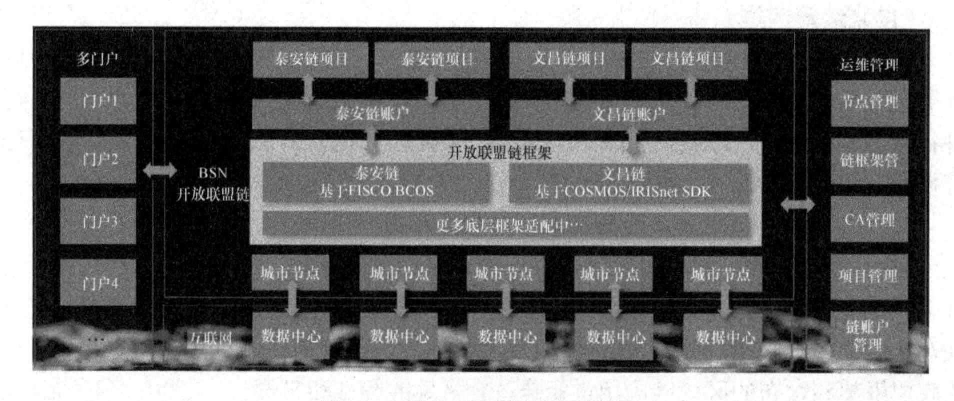

图 9-5　开放联盟链的整体架构

BSN 开放联盟链与传统联盟链 BaaS 服务相比，开放链的项目共享记账节点资源，不同项目的智能合约可以相互可见及调用，共享使用区块链数据账本，且链外业务系统可以通过节点网关简单、快速接入区块链网络进行交易处理。

利用 BSN 已建立的基础设施，很容易搭建省级区块链主干网，包括省内门户、跨运营商的城市节点和 3 个中心（运营、培训和孵化），可以围绕主干网建立省内的区块链生态；采用地方政府+地方运营商+运营公司的模式，各司其职，不需要大量前期投入，实现快速落地，并将各方力量整合，同时为各方提供区块链应用落地的抓手和平台；主干网门户完全自主，除了 BSN 功能外，也可以增加各类应用、服务和其他区块链行业的资源，打造完整一站式全方位的区块链服务平台。BSN OPS 架构如图 9-6 所示。

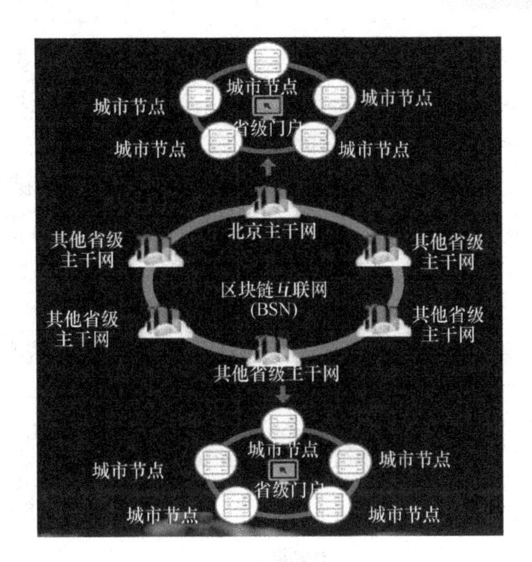

图 9-6　BSN OPS 架构

（3）BSN 赋能平台

BSN 赋能平台的主要功能是提供各类接口，因为其安装在本地，用户通过本地的门户系统可以便捷地调取所有的 API。

9.2.2　星火·链网

1. 背景

“链”指的是区块链，作为信任机器，区块链提供了一种安全、高效、可信的技术方法，为解决机构与机构、人与人、设备与设备之间的高效协作问题带来机遇；“网”指的是互联网和工业互联网，是采用树状层次化治理架构搭建的国家顶级节点网络标识解析体系，为万物互联提供解决方案。因此，链（区块链）网（互联网、工业互联网）协同势在必行。加快区块链与互联网、工业互联网深度融合，有利于实体经济“降成本”“提效率”，构建“诚信产业环境”，推动我国经济体系实现技术变革、组织变革和效率变革。

面向 5G、AI、资产数字化等多产业应用场景构建基于区块链技术的星火·链网新型基础设施，支持区域产业优势在技术创新、公共服务、产业生态、监管支撑和国际治理等方面可持续发展和优化，实现制造强国和网络强国战略引领。

2. 产品介绍

星火·链网是在工业和信息化部的指导与专项支持下，由中国信息通信研究院牵头，联合北航、北邮、中国联通等高校及大型企事业单位建设的国家区块链新型融合基础设施体系。

星火链底层采用火链底层主从链群架构，既可支持标识数据链上链下分布式存储功能，又可支持同构和异构区块链接入主链。在全国重点区域部署星火·链网超级节点，作为国家链网顶层，提供关键资产、链群运营管理、主链共识、资质审核，并面向全球未来发展；在重点城市/行业龙头企业部署星火·链网骨干节点，锚定主链，形成子链与主链协同联动；超级节点和骨干节点具备监管功能，并协同运行监测平台，对整个链群进行合法合规监管；引入国内现有区块链服务企业，打造区域/行业特色应用和产业集群。

星火·链网的建设策略如图 9-7 所示，星火·链网将基于现有工业互联网国家顶级节点的工作基础，以既有的应用实践探索新模式。

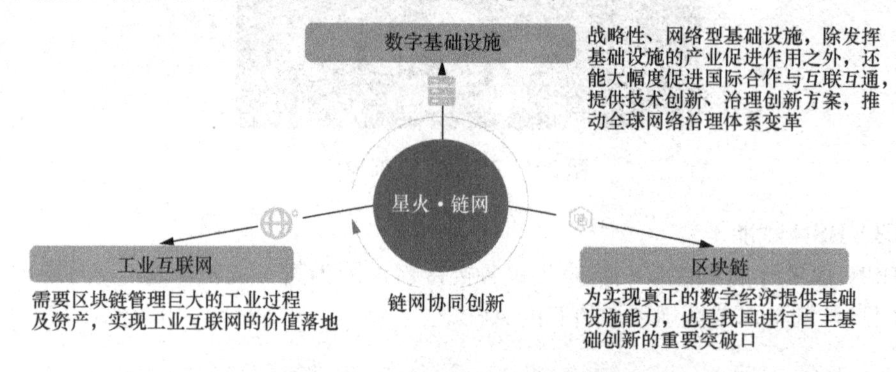

图 9-7 星火·链网的建设策略

星火·链网的体系架构如图 9-8 所示，“星火·链网”采用许可链加公有链的双层链基础架构，由 10 个超级节点组成许可链，通过内置的标识管理能力，向整个接入的区块链网络提供标识基础服务与跨链互通能力。

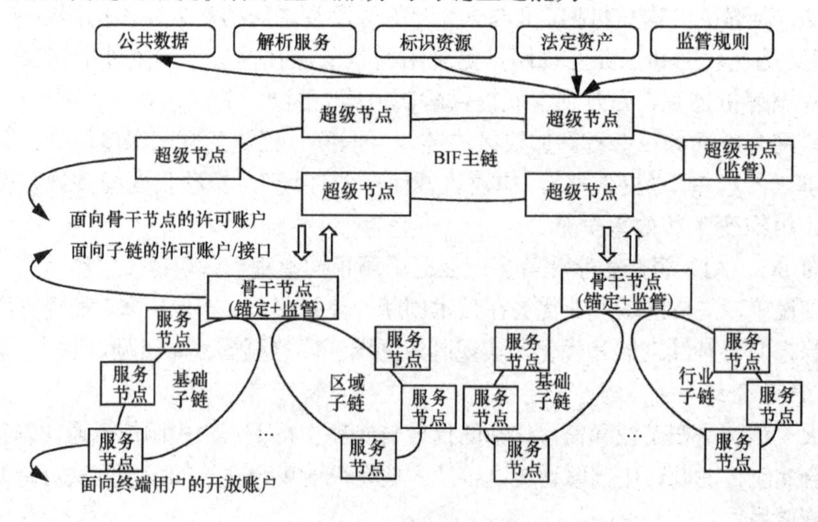

图 9-8 星火·链网的体系架构

星火·链网主要功能如下。

星火工业互联网标识：实现 VAA、BID 等新标识管理、发码、解析功能；围绕国家顶级节点支持的各类标识（DNS、Handle、Ecode、OID 等），进行基于区块链技术的标识管理、应用、治理科学试验；管理各类型现有及新的标识体系。

星火·链网通过全局性的统一标识，实现区块链的跨链互通，促进异构区块链资产共享，尤其是资产接入（上链）问题。基于许可公有链，根据政府部门需求，提供监管支撑以及价值化服务，针对数据流通问题，提供区块链解决方案，促进数据跨地区、跨行业、跨企业流通。星火·链网生态结构如图 9-9 所示。

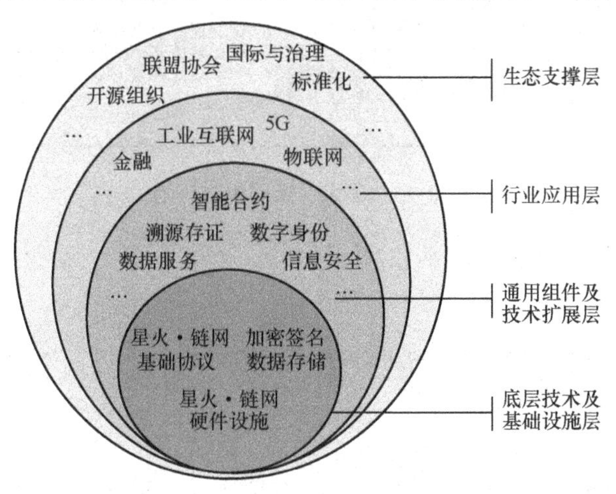

图 9-9　星火·链网生态结构

3. 特点

星火·链网亮点在于平等、共治、开放、可控。星火·链网的特点如图 9-10 所示。

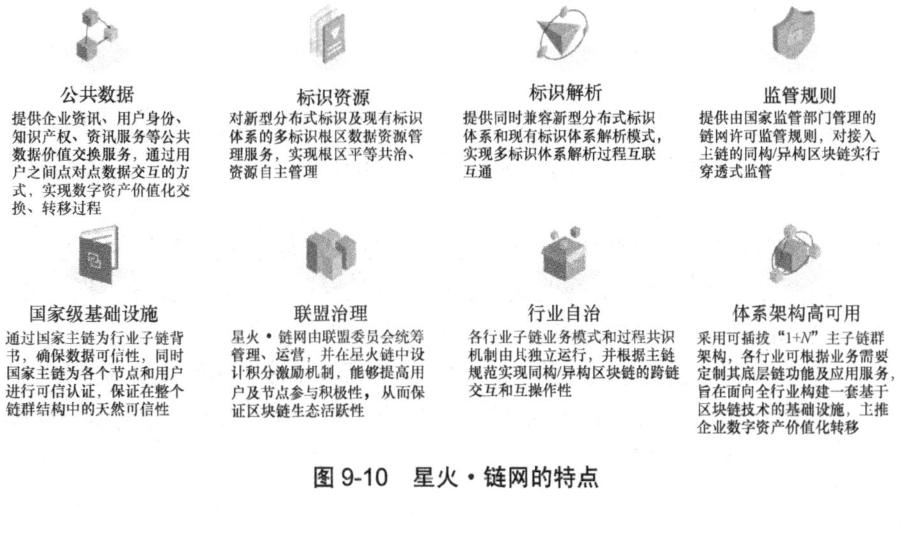

公共数据

提供企业资讯、用户身份、知识产权、资讯服务等公共数据价值交换服务，通过用户之间点对点数据交互的方式，实现数字资产价值化交换、转移过程

标识资源

对新型分布式标识及现有标识体系的多标识根区数据资源管理服务，实现根区平等共治、资源自主管理

标识解析

提供同时兼容新型分布式标识体系和现有标识体系解析模式，实现多标识体系解析过程互联互通

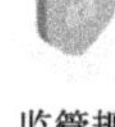

监管规则

提供由国家监管部门管理的链网许可监管规则，对接入主链的同构/异构区块链实行穿透式监管

国家级基础设施

通过国家主链为行业子链背书，确保数据可信性，同时国家主链为各个节点和用户进行可信认证，保证在整个链群结构中的天然可信性

联盟治理

星火·链网由联盟委员会统筹管理、运营，并在星火链中设计积分激励机制，能够提高用户及节点参与积极性，从而保证区块链生态活跃性

行业自治

各行业子链业务模式和过程共识机制由其独立运行，并根据主链规范实现同构/异构区块链的跨链交互和互操作性

体系架构高可用

采用可插拔“1+N”主子链群架构，各行业可根据业务需要定制其底层链功能及应用服务，旨在面向全行业构建一套基于区块链技术的基础设施，主推企业数字资产价值化转移

图 9-10　星火·链网的特点

4. 发展情况

充分利用现有工业互联网标识体系，持续推进产业数字化转型，进一步提升区块链自主创新能力，更好地参与国际互联网治理，提升服务能力，扩大服务范围，真正发挥产业带动作用，实现模式创新。星火·链网推进计划如图 9-11 所示。

上市
2020年之前
实验验证系统开发
2020年正式启动建设
2020年第4季度超级节点网络正式提供服务，国家顶级节点完成对接建设，3～5个骨干节点完成接入
2021年
完成10个超级节点建设标识，分配量超过10亿建立海外节点运行服务能力
2022年
扩展超级节点服务（资产）开放账户注册，进一步放开许可
2023—2025年
形成可持续发展的商业模式，培育支持完成1～2家区块链或工业互联网上市企业

图 9-11　星火·链网推进计划

星火·链网运行数据如图 9-12 所示。

链网数据

星火·链网主子链运行数据概览

18	6	17	72	53763	6625261	175534789
子链	超级节点	骨干节点	服务节点	最新区块高度	最新BID标识数	最新交易数

图 9-12　截至 2021 年 9 月 2 日星火·链网运行数据

9.2.3 长安链

1. 背景

尽管区块链在产业发展的作用愈加明显，但在发展过程中仍存在以下问题。

1）区块链底层基础设施产品多采用国外开源技术，国内自主开发与创新能力薄弱。

2）区块链技术与产业结合深度有待提高，区块链场景多集中在存证方向。区块链如何与产业深度融合，更好地发挥赋能价值流动的作用还需要进一步研究。

3）区块链底层基础设施该如何发展还未明确方向。

为解决这些问题，北京微芯区块链与边缘计算研究院联合多家知名高校和业内顶尖企业，合作研发国内自主可控区块链软硬件一体技术体系“长安链·ChainMaker”，其运算速度超过 10 万 TPS。

2. 产品介绍

“长安链”具有自主可控、灵活装配、软硬一体、开源开放的突出特点。长安链作为区块链开源底层软件平台，包括区块链核心框架、丰富的组件库和工具集，致力于高效、精准地解决用户差异化需求，构建高性能、高可信、高安全的新型数字基础设施，长安链同时也是国内较早的自主可控区块链软硬件技术体系。长安链的应用场景，涵盖供应链金融、碳交易、食品追溯等一系列关乎国计民生的重大领域[5]。

长安链的逻辑架构如图 9-13 所示。主要包含以下元素。

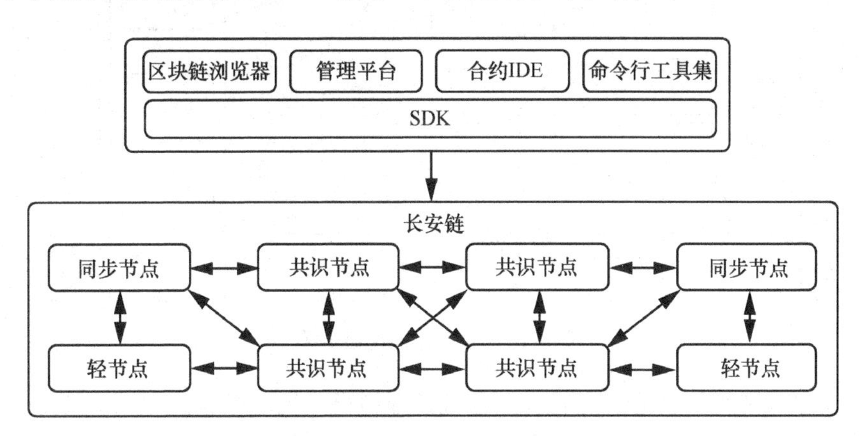

图 9-13　长安链的逻辑架构

- 共识节点：参与区块链网络中共识投票、交易执行、区块验证和记账的节点。
- 同步节点：或称见证节点，参与区块和交易同步、区块验证、交易执行，并记录完整账本数据，但不参与共识投票。
- 轻节点：参与同步和校验区块头信息、验证交易存在性的节点。
- SDK：帮助用户通过 RPC 和区块链网络进行连接，完成合约创建、调用、链管理等功能。
- 区块链浏览器：通过可视化界面为用户展示区块信息、交易信息、节点信息等区块链信息。
- 管理平台：通过可视化界面方便用户对链进行管理、信息浏览和资源监控等。
- 合约 IDE （contract IDE）：智能合约在线开发环境，长安链所有合约支持语言均可在该 IDE 上开发和编译。
- 命令行工具集 （ChainMaker CLI，cmc）：使用户可以用命令行的方式对链进行部署和管理，如证书生成、链配置、交易发送等。

长安链的层级架构如图 9-14 所示。自下而上，长安链由以下层级构成。

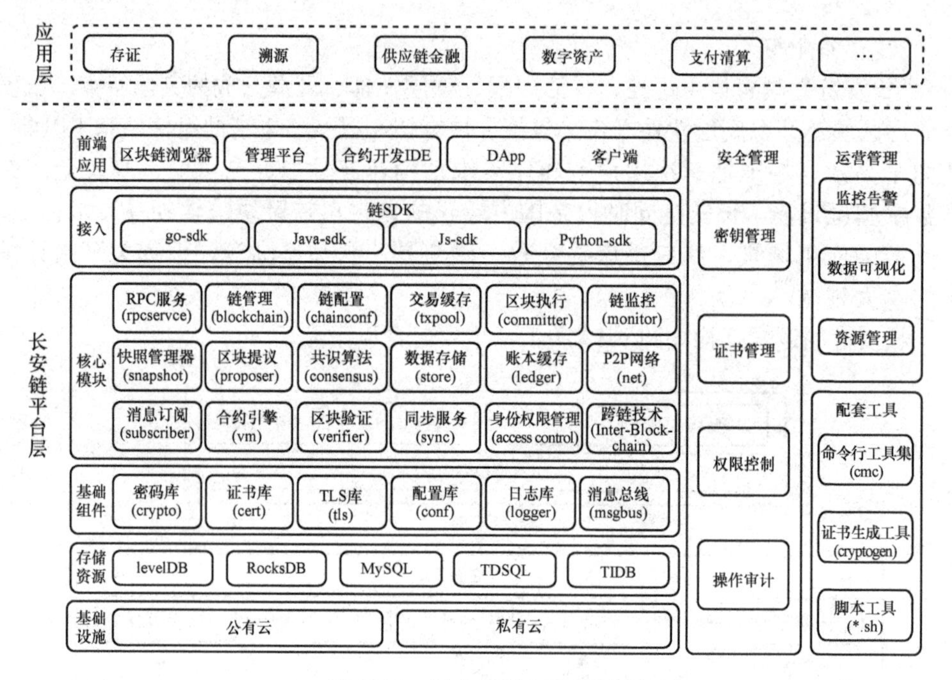

图 9-14　长安链的层级架构

- 基础设施层：公有云、私有云，包括虚拟机、物理机等，为长安链提供基础运行环境。
- 存储资源层：为长安链节点提供数据存储服务。
- 基础组件层：为长安链节点提供密码学、配置、日志、常用数据结构等通用技术组件。
- 核心模块层：包括长安链共识算法、核心引擎、虚拟机等核心模块，核心模块均采用可插拔设计，为可装配区块链奠定基础。
- 接入层：多语言链 SDK，方便应用开发者与链交互。
- 前端应用层：包括区块链管理平台、区块链浏览器、合约开发 IDE 等，方便用户直接访问区块链底层平台。

3. 特点

长安链的技术优势如图 9-15 所示。

（1）自主可控

面向世界科技前沿，秉持自主创新原则，汇聚国内顶级工程师和科学家团队，长安链构建了全球独创的底层技术框架，关键技术模块全部自研，成为国际区块链技术发展的新动能，为“新基建”提供自主、可控、安全的区块链数字底座。

（2）开源开放

自诞生起，长安链践行开源、开放的理念，最大范围联合产、学、研、用各类科研力量，由顶尖高校、知名企业等优势力量共同开发，同时广泛拥抱个人和企业开发者，打造标准规范体系，共建开源开放、充满活力的区块链技术生态。

（3）性能领先

长安链拥有高效并行调度算法、高性能可信安全智能合约执行引擎、流水线共识算法等国际领先的区块链底层技术，具备高并发、低时延、大规模节点组网等先进技术优势，交易吞吐能力可达10万TPS，位居全球领先水平。

（4）灵活装配

长安链将区块链执行流程标准化、模块化，推进区块链技术从手工作业模式演进到自动装配生产模式，方便用户根据不同的业务需求搭建区块链系统，为技术的规模化应用提供基础。

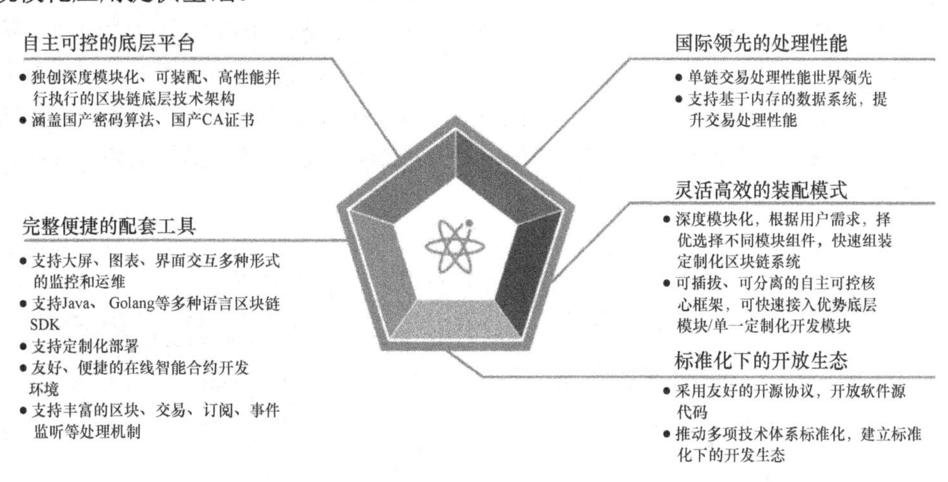

图9-15　长安链的技术优势

4. 发展情况

开源以来，长安链（ChainMaker）项目保持着快速迭代的节奏。目前，长安链已迭代到V1.2.0，最新的版本将推出支持DPoS共识算法、开源CA证书服务、跨链方案等核心特色功能，后续系统合约重构、迁移工具、轻节点等均在研发规划中，相关功能将陆续实现。

9.3　区块链私有化基础设施实践

9.3.1　区块链服务网络专网

BSN 开放性地为开发者提供便捷和优质的区块链应用开发和部署的公共资源

环境。但即便互联网再便利和发达，很多行业仍需要局域网或专网运行其信息化应用，尤其在政务、金融、电力、司法等领域。以政务领域为例：近年来，在国家政策的大力支持和推动下，我国的电子政务快速发展，自动化、信息化和智能水平迅速提高。但从现实情况看，政务系统的支撑能力和服务水平，还不能完全满足跨部门与跨区域数据共享、提供一体化高效联动政务服务等发展需求。而以区块链技术作为底层技术支撑的政务专网，将以全新的思路与解决方案实现政务信息系统的改造升级和治理模式的转型，促进政务提质、降本和增效。

基于 BSN 核心技术，BSN 研发各方推出了 BSN 专网产品（以下简称“BSN 专网”），BSN 专网部署架构如图 9-16 所示。通过在 TCP/IP 传输的内网或局域网之上搭建一层区块链应用的运行环境，业主方可通过现有业务系统的统一 ID、统一网关和统一管理，直接接入 BSN 专网内提供的区块链环境接口，即可实现业务系统的区块链升级和改造，无须再为每个应用搭建单独的区块链环境。同时，BSN 专网提供的应用门户和 API，帮助业主方轻松发布、参加和管理各种区块链应用，并可通过管理门户审核和监督上线的区块链应用，统一控制所有应用的数据权限和 ID 权限。

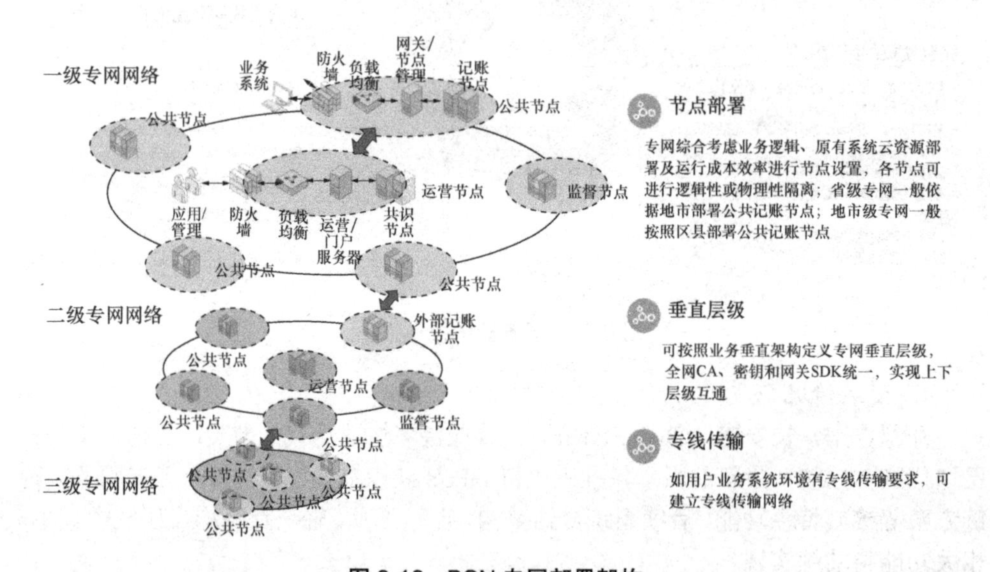

图 9-16 BSN 专网部署架构

BSN 专网可基于政务内网/外网现有资源，搭建完整的区块链政务服务网络，包括底层区块链基础设施网络、配套的管理平台、运维平台和应用门户等。政务内网各单位的业务系统如需要使用区块链技术，可直接在 BSN 专网上同时运行各类区块链应用（取决于系统资源配置）。内网各业务系统数据保存在统一的 BSN 政务专网区块链存储层，各应用数据在没有授权的情况下完全隔离，各部门通过区块链数据共享节点，根据业务需求向其他部门开放，实现数据互联互通和安全可控，在大幅降低内部信息化系统区块链升级改造成本的同时，组织实施和监督管控将更为高效便捷，并可实现信息系统区块链服务的统一治理。

1. 跨云部署的共享资源池

BSN 政务专网在适配混合云技术体系架构方面有着丰富的技术积累和经验，可实现政务云、私有云及多云的混合组网，随着区块链服务覆盖范围的扩大和应用的增多，支持动态的网络节点拓展和弹性资源调整。专网内资源共享，支持运行不限数量的应用（由资源数量决定），可以建立各种组合的联盟链和私有链，链与链经授权可实现数据互通。BSN 政务专网支持省-地市-区县多级区块链网络建设，可实现横向和纵向政务区块链网络的互联互通。

2. 多底层区块链框架适配

当前区块链技术发展迅速，存在多种区块链底层框架，并且各底层框架使用的共识机制、加密算法、通信机制等存在差异，其智能合约的调用机制也不尽相同。如果缺乏统一接入标准，将会出现数据难以互通、兼容性差、跨链成本高、监管困难等问题，带来资源浪费、信息孤岛、生态垄断等风险。

BSN 政务专网，采用了支持多底层框架的设计模式。目前所支持的底层框架包括 Fabric、FISCO BCOS、CITA、XuperChain、Quorum、蚂蚁链等。BSN 还统一了网关 SDK、CA 管理和运维机制，开发人员使用统一的网关 API 就可以对所有框架的应用进行统一发布、调用和管理，并且实现同构及异构框架下的数据互通。

3. 网内网外数据互通

BSN 政务专网统一使用国家信息中心管理的 BSN 密钥体系，支持多种区块链底层框架，均支持国密和非国密算法，可应用链内链外技术解决方案随时开通或关闭与 BSN 国家公共网络、区域内外其他 BSN 政务及产业专网的资源共享与数据互通。在省-地市-区县的多级区块链政务专网架构中，基于统一密钥分发实现数据互通和业务协同，推动地区政务一体化建设。

4. 穿透式数据监管

区块链技术的发展必须符合国家法律法规和监管的规定，为此，BSN 设计了穿透式的数据监管方案，满足了数据可信、可用、可管的需求。管理部门可作为用户，使用任何在专网上运行并获得授权的区块链应用，同时能够对专网内所有应用进行实时监控和管理，可随时调整用户权限和数据权限。

在 BSN 政务专网的数据监管方案中，可以做到在每一个联盟链创建时都自动加入一个“监管记账”节点，这个节点可以同步其他节点上的数据。同时，平台的网关层也具备专门的数据监管能力，可在数据上链之前对数据日志、数据访问记录等进行监控和记录。此外，根据实际需要，可自行定义该监管节点的监管单位，同时支持省市共同部署监管或省级、市级分别监管。而监管机构拥有所有联盟链中监管节点的访问权限，做到全面监控节点数据。

5. 全面降低建设、运营和维护成本

提供完善的区块链应用开发接口和工具，将复杂的底层区块链功能封装为便捷的通用开发工具，各业务需求方现有信息化系统技术人员可快速完成应用上链，无须改变使用单位现有业务系统和技术服务格局。

BSN可根据业务需求和实际用量实时调整现有资源配置策略，可实现节点资源的“热插拔”扩容和多底层框架、密钥算法、共识算法等的“热插拔”配置，保证在不影响业务应用运行的情况下实现计算、存储、网络等资源的动态调配。

可支持不限数量的应用上链，并且随着应用上链需求的增加，在不改变已有组网架构的条件下，仅需要根据业务需求进行网络资源层面的硬件服务器或云资源扩容，专网系统本身不需要增加任何额外投入，极大降低后期应用上链的投资和运营成本。

6. 主动防御安全治理机制

BSN 专网核心系统完全开源，并建设了完善的信息安全主动防御体系和信息安全治理体系，遵循相关安全规范和安全策略，总体安全防护方案参照等级保护第三级系统安全要求进行设计。

设计身份鉴别、访问控制、安全审计、通信加密、操作审计及密钥管理等综合安全策略。在数字身份验证方面，基于区块链技术设计了系统权限链，实现了统一身份认证和统一授权，并应用 PKI/CA 系统进行强身份认证；数字证书管理体系实现了证书的申请、更新、废除等全生命周期管理，支持 ECC 和 SM2 证书配置管理以及第三方 CA 的接入机制。通过对访问控制、安全审计、通信加密、操作审计以及硬件加密机等多个方面的设计，形成了立体化的安全防护体系。

9.3.2 百度区块链

1. 背景

百度作为我国在尖端科学核心技术领先的高科技企业，秉承“用科技让复杂的世界更简单”的使命，积极配合国家战略层面的指引方针，以公平开放、技术赋能、生态联盟为准则，致力于构建行业区块链应用生态，将区块链的价值赋能给包括政府、企业及个人用户的社会各个层面，在降成本、提效率、优化产业诚信环境、价值重新分配等方面贡献力量。百度区块链实验室全面布局区块链生态的各个领域，包括 XuperChain 底层基础设施建设、企业级的解决方案 BaaS，以及服务于创造数字经济和改善社会生活的一系列区块链应用等。

2. 产品介绍

XuperChain 简称超级链，是一个支持平行链和侧链的区块链网络。在

XuperChain 网络中，有一条特殊的链——Root 链。Root 链管理 XuperChain 网络的其他平行链，并提供跨链服务。其中，基于 Root 链诞生的超级燃料是整个 XuperChain 网络运行消耗的燃料。Root 链有以下功能：

- 创建独立的一条链；
- 支持与各个链的数据交换；
- 管理整个 XuperChain 网络的运行参数。

XuperChain 是一个强包容性的区块链网络，其平行链可以支持 XuperChain 的解决方案，也同时支持其他开源区块链网络技术方案。

百度区块链的商业化体系布局如图 9-17 所示。

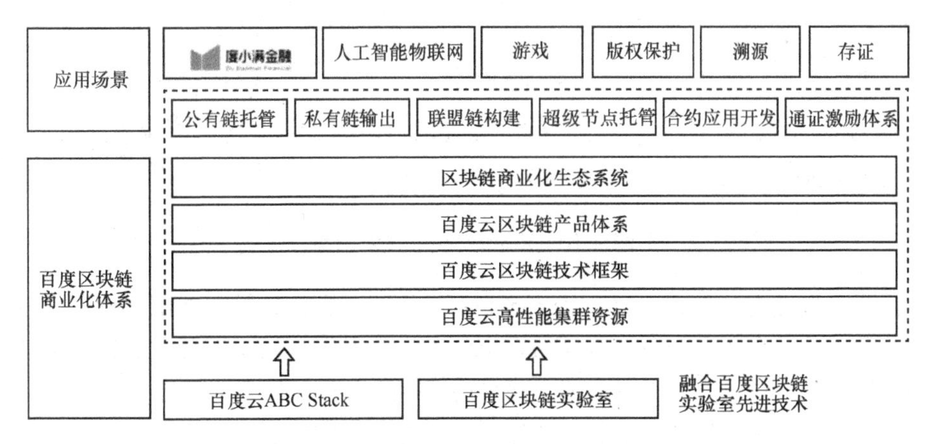

图 9-17　百度区块链的商业化体系布局

百度云融合百度区块链实验室先进的技术，对区块链商业化进行全面的探索和实践。百度云的区块链即服务（BaaS）结合云计算的资源、部署、交付和安全等系统能力，将区块链平台进行云端系统化和产品化，并有序地输出至金融、物联网等行业，赋能合作伙伴，构建行业区块链的战略联盟和标准。

3. 特点

XuperChain 技术优势如图 9-18 所示。

4. 发展情况

百度坚持打造联盟生态，与联盟成员共同搭建政产学研平台，推动区块链核心基础技术研究，构建可信区块链标准体系，促进区块链应用落地，引导行业良性健康发展。接下来，百度将进一步推进超级链的社会化部署，百度自身仅作为节点参与其中，为超级链提供公信力。超级链除了支持百度现有业务以外，也将全面支持共享经济下的新型产业结构。百度计划联合业界翘楚和地方机构，成立区块链产业基金和区块链孵化基地，对 DApp 开发者在各方面的资源投入都有一定的支持和倾斜。百度将重点支持将区块链技术应用于食品安全、商品质量、新零售、新制造、供应链金融、知识产权保护和交易、出行、旅游、社交等领域的项目，响应国家共享经济新模式的号召。

超级节点技术

利用超级计算机和分布式架构具备计算力和储存力；
对外呈现为节点，内部为分布式网络

链内并行技术

能够并行处理链内事务，能够充分利用多核和多机的计算资源

可插拔共识机制

支持单链上多种共识机制无缝切换

立体网络技术

基于平行链、侧链、链内DAG并行技术的逻辑处理；
单链：8.7万TPS；
整体网络：20万TPS

一体化智能合约

智能合约和核心架构分离技术；
具备合约生命周期管理、预执行等特色；
合约语言：C++、Go、Solidity等

账号权限系统

去中心化的账号权限系统
可扩展的权限模型，支持多种权限模型配置

图 9-18　XuperChain 技术优势

百度区块链将开放超级链（XuperChain）生态，提供底层的基础支持和开发者工具，让企业和个人开发者专注于应用创新和功能开发，以协助开发者快速创建区块链应用，或轻松将业务上链落地。超级链的数据动态如图 9-19 所示。

3576539	93237818	353笔/秒	513878555
用户数	区块高度	历史并发峰值	总交易笔数

图 9-19　截至 2021 年 9 月 2 日超级链的数据动态

9.3.3　蚂蚁链

1. 背景

蚂蚁链是蚂蚁集团代表性的科技品牌，致力于打造数字经济时代的信任新基建，构建全球最大的价值网络，让区块链像移动支付一样改变生产和生活方式。

自 2016 年起，蚂蚁区块链组建了国内顶尖的技术队伍，自主研发国际领先水平的联盟区块链技术。蚂蚁区块链平台经过多年的积淀与发展，达到金融企业级水平，具有独特的高性能、高安全特性，目前技术上可支持 10 亿账户规模、每日 10 亿交易量的信息处理能力。

核心技术方面，在共识机制、网络扩容、可验证存储、智能合约、高并发交易处理、隐私保护、链外数据交互、跨链交互、多方安全计算、区块链治理、网络和基础实现、安全机制等领域取得重大突破。

蚂蚁链正在用技术构建新一代的信任机制，提高价值流转和多方协同的效率，降低不信任所造成的成本，在赋能实体经济同时，成为推动我国数字经济发展的一大动力。

2. 产品介绍

蚂蚁区块链平台技术架构如图 9-20 所示，对照我国区块链技术和产业发展论坛制定的参考架构，如图 9-21 所示，可以发现，两者在核心层、服务层等关键组件上高度相似与兼容。这种平台型的系统能力通用、易于扩展、可支持丰富场景，甚至可以像云服务那样对外输出，故在很多地方也被称作区块链即服务（BaaS）平台。

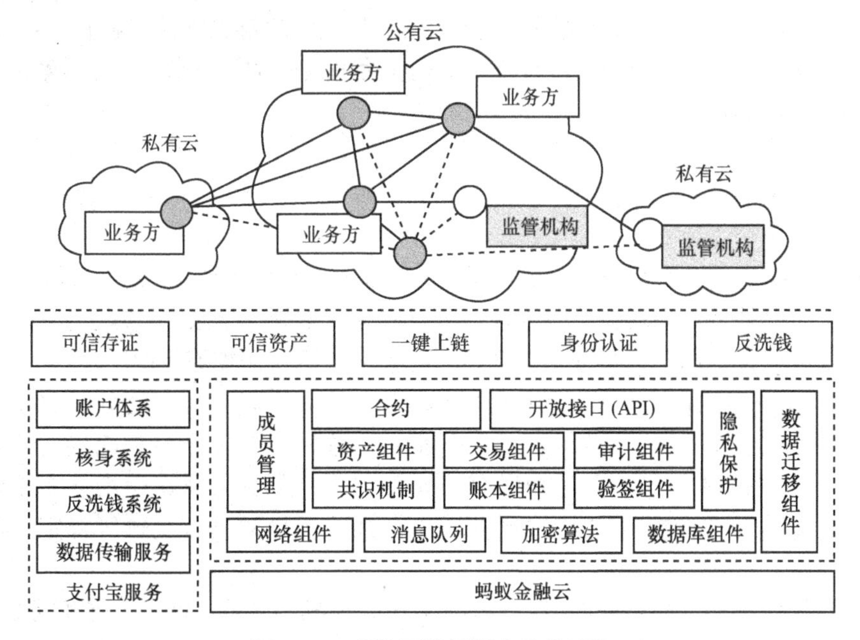

图 9-20 蚂蚁区块链平台技术架构

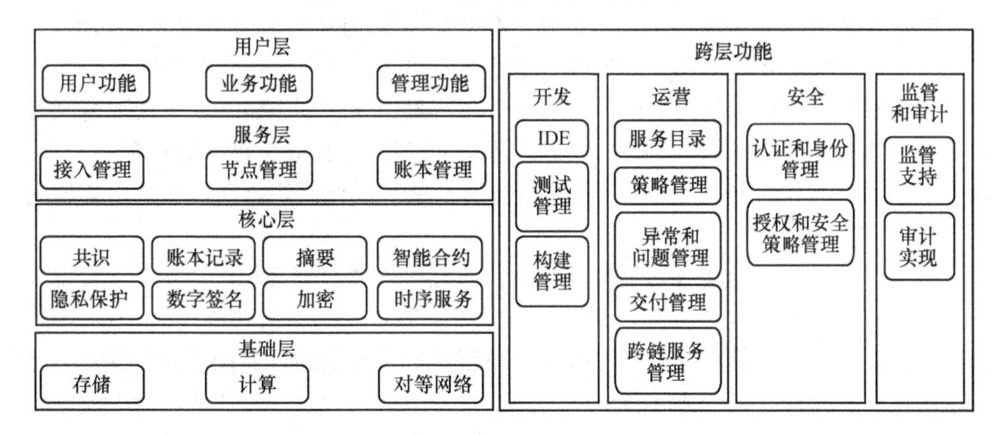

图 9-21 区块链参考架构功能视图

在底层，蚂蚁金融云为区块链平台提供了运行环境及组网、通信、存储、事务管理诸多中间件。中间的核心层封装了区块链的核心组件，并通过开放接口对外提供服务。考虑到对金融或泛金融领域的业务支撑，在蚂蚁区块链平台中，特别预留了审计及隐私保护等功能模块。同时，与支付宝现有系统进行整合，复用了相对成熟的账户体系、核身、反洗钱监控等既有组件，形成系统合力。再往上，从平台能力的视角出发，抽象形成5类能力：可信存证、可信资产、身份认证、反洗钱和一键上链。

在部署层面，蚂蚁区块链主要在公有云上部署。考虑到某些业务对系统隔离度、数据使用范围、监管合规性等方面有特定要求，蚂蚁区块链也支持在私有云上部署。业务主导者通过成员管理，也可将监管机构作为系统中的运行节点，并对数据访问的权限做精细化控制。

3. 特点

虽然从功能模块上来说，多数区块链平台都大同小异，但蚂蚁区块链平台突出体现了以下3个关键点：

- 高性能及金融级稳定性，具体体现在共识算法、中间件性能、组件质量上；
- 工程化能力，表现在场景验证、研发支撑、部署、运维、治理上；
- 安全保证，通过成员证书管理、加密算法、隐私保护等实现。

蚂蚁区块链是自主设计，但又并不是完全从头做起。平台充分吸收了阿里巴巴和蚂蚁金服在过去十多年里在电商和支付领域的技术经验和成熟的分布式架构体系与中间件积累，并且和现有的开发体系、测试体系、运维体系平滑对接，从而最大限度确保了能够快速打造一个性能优异的具备金融级稳定性的区块链平台。

蚂蚁区块链平台易于扩展和能力输出。在共识机制方面，蚂蚁区块链以受理与共识分离的设计让受理能力可水平扩展，在传统PBFT基础上针对不同场景对共识算法改良，并支持多种共识算法可插拔，例如，在弱信任联盟中采用改进PBFT，在强信任联盟中采用 RAFT、DPOS，甚至指定共识记账方。在运维方面，蚂蚁区块链平台提供“一键上链”组件，实现现有系统最小化改造上链，并采用适合联盟链的异常恢复机制。蚂蚁区块链平台支持轻量级部署上云，既可以部署在公有云上，也可以部署在共识参与方本地的私有云上。这些都是催化区块链在行业应用落地的有效努力。

蚂蚁区块链平台重点针对联盟链场景，通过引入成员管理和注册中心，实现了节点间的组网通信及权限控制。在这种模式下，节点间的通信和传统的 P2P 模式已经有所区别。每个节点可以从注册中心获取目标节点的地址完成组网和路由，并通过远程过程调用（Remote Procedure Call，PRC）、异步通知等多种通信手段完成信息传输。

4. 发展情况

截至 2020 年 5 月，阿里巴巴（主要为蚂蚁区块链）在全球范围内拥有 212 件授权专利，国外授权比例超过 59%，得益于其从一开始就着眼于全球区块链布局，专利技术水平较高。

阿里巴巴《达摩院 2020 年十大科技趋势》中提出，大批创新区块链应用场景以及跨行业、跨生态的多维协作将在未来涌现，规模化生产级区块链应用将会走入大众。区块链结合人工智能、5G、物联网等创新技术，实现物理世界资产与链上资产的锚定，将进一步拓展价值互联网的边界，实现万链互联。

第10章 “云—网—链”融合新型基础设施实践

整合了云的海量存储能力和超级算力、通信网络的泛在数据感知和高效数据传输能力，区块链在促进数据共享、优化业务流程、降低运营成本、提升协同效率、建设可信体系等方面具有强大优势，构建“云—网—链”融合新型数智化基础设施，有助于打造面向经济社会高质量转型发展的综合支撑环境，赋能千行百业，推动我国数字经济高质量发展。

10.1 “云—网—链”融合基础设施建设的特点与价值

“云—网—链”融合的垂直行业一体化解决方案如图10-1所示，云、网、链的具体作用如下。

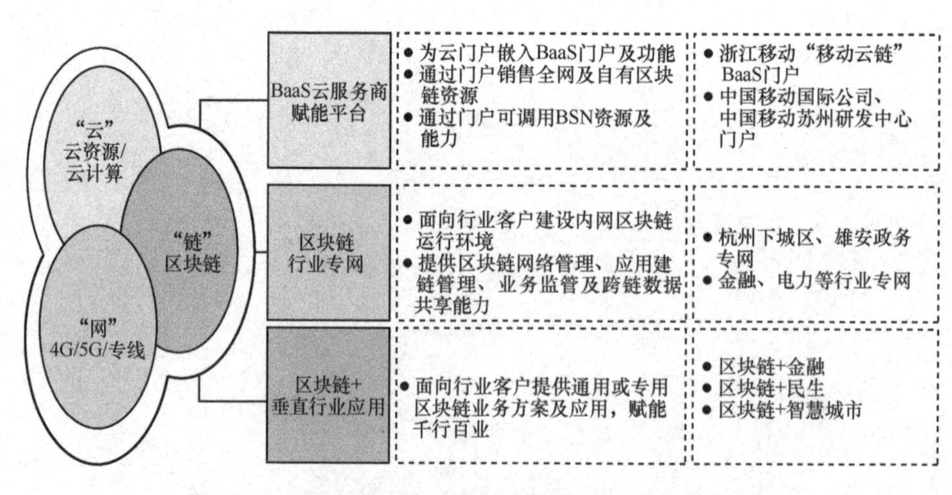

图10-1 “云—网—链”融合的垂直行业一体化解决方案

- 5G 网络：结合物联网设备提供泛在的数据感知和高效的数据传输能力。
- 云资源：提供海量数据存储与动态资源管理能力，边缘计算为网链运营提供强大算力。
- 区块链：提升现代化的数据治理能力，以构建信任和传递价值。

10.1.1 “云—网—链”融合基础设施建设的必要性

区块链可催化全社会跨行业协作，助力垂直行业协作，为 5G+赋能。区块链具有独特的信任和协同属性，可提升公司内部管理运营能力、赋能全社会跨行业协作；区块链具备建立信任和传递价值的基础能力，可为跨领域、跨行业的协作发挥协同作用。区块链可与诸多新兴领域深度融合、协同互补，共同为 5G+行动和垂直行业赋能：政企公司形成开拓垂直行业的新竞争力，与 IT、金融、物联网、互联网、智慧城市等行业场景深度融合，从而带来新的发展机遇。

区块链的价值属性与网络的通信属性相结合，形成在垂直行业市场拓展中的独特优势。区块链具备与云、5G 通信网、大数据、物联网、边缘计算融合的可行性，技术要素融合将起到 1+1>2 的效果，如图 10-2 所示。

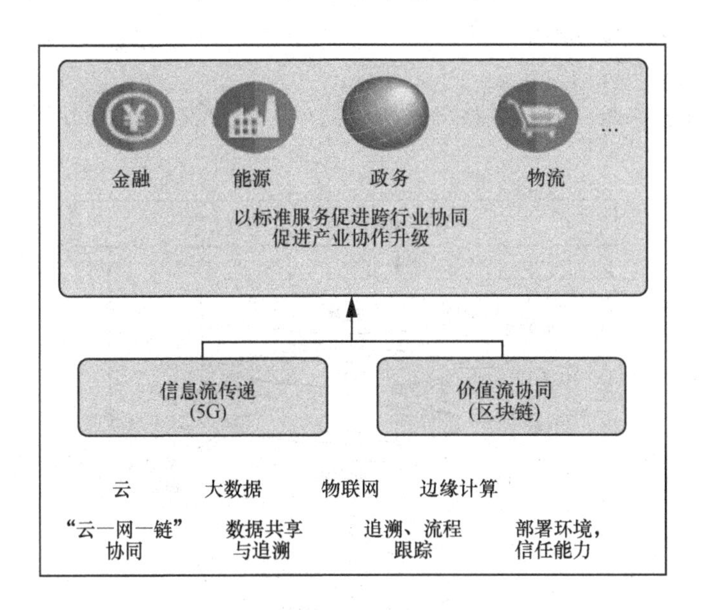

图 10-2 区块链与 5G 等技术要素互补

根据上述内容，结合国家区块链及数字经济发展战略，制定区块链业务发展战略，构建“云—网—链”融合的“三跨”区块链互联网，如图 10-3 所示。

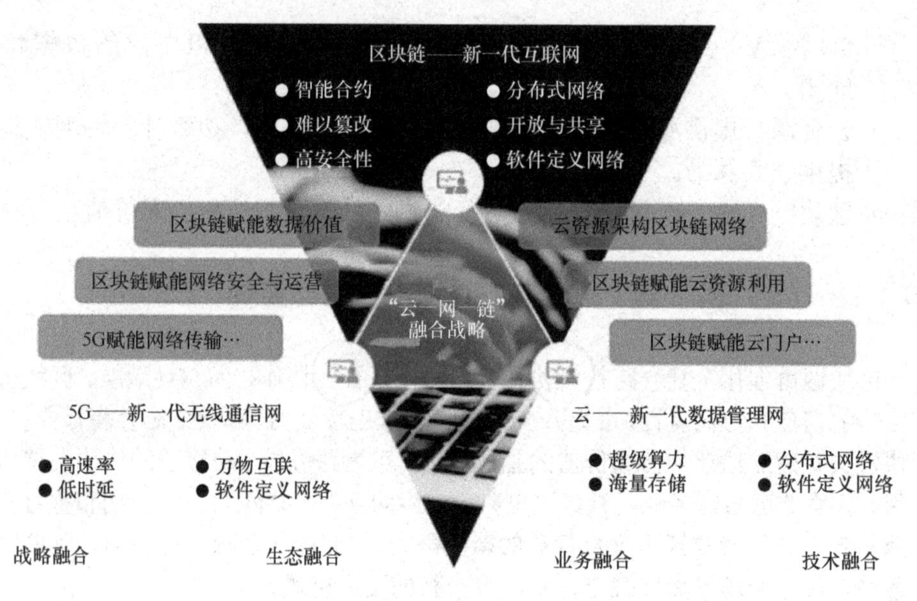

图 10-3　“云—网—链”融合战略

1. 云网协同

多种类型的企业上云场景要求云和网能够提供基于云网融合的“一体化”的解决方案。云网协同可分为以下两种。

（1）狭义云网协同

狭义云网协同是一种提供移动云统一门户、云专线等服务的产品，如图 10-4 所示。

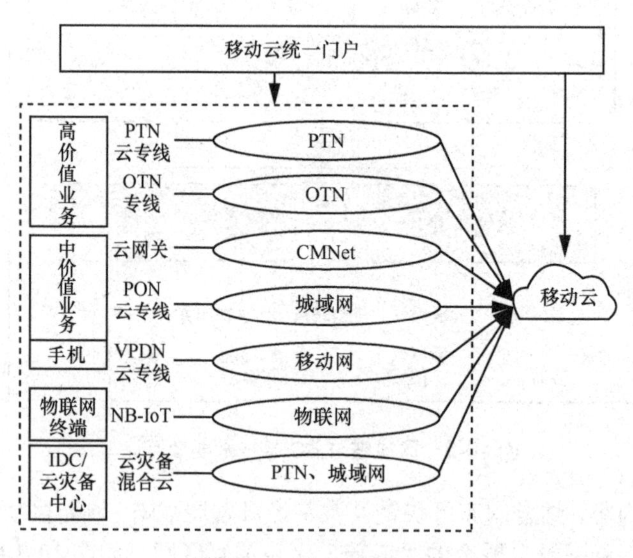

图 10-4　狭义云网协同

（2）广义云网协同

企业ICT一揽子服务；解决企业效率、生产力等一系列问题；对生态和行业解决方案要求高。广义云网协同如图10-5所示。

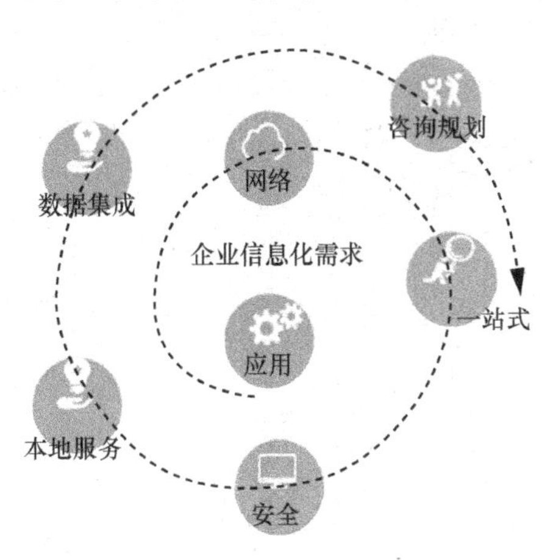

图10-5 广义云网协同

区块链技术的发展需要云网的保驾护航，具有边缘计算、分布式处理能力的5G网络不能解决可信数据价值传递的问题，而5G网络天生的边缘网络架构及具有海量算力的基站是区块链的天然节点，可完美适配于基于可信价值传递的区块链网络，助力区块链网络完成可信数据的价值传递。

2. 云链协同

“云—网—链”融合，可助力产业链生态建设。云计算可以为整个IT数字经济提供计算能力、大数据、AI处理能力、5G能力。通过“云—网—链”融合可以连接各个行业，业务和基础架构数据在一起形成整体的生态。云链用量如图10-6所示。

图10-6 云链用量

3. 网链协同

目前，区块链行业应用仍处于社会实践探索阶段，其主要挑战来自于计算能力、响应速度、网络安全以及应用场景识别与方案规划。区块链应用落地的挑战如图10-7所示。

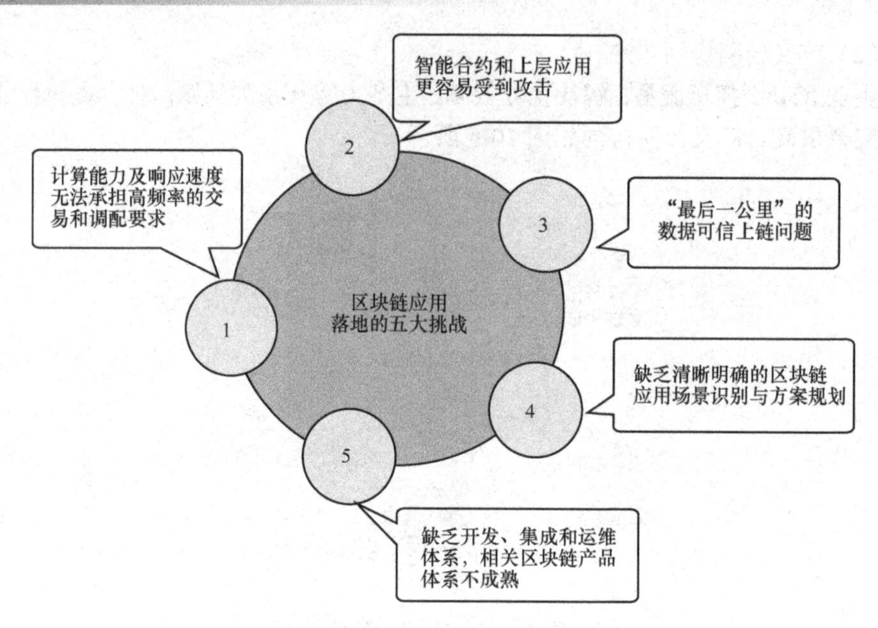

图 10-7 区块链应用落地的挑战

区块链应用不断探索，对区块链技术提出了新的需求，区块链在 P2P、非对称加密、共识机制、智能合约等不断优化的基础上，将进一步与安全隐私保护技术、跨链交互技术等协同创新，并与云计算、人工智能、物联网等新兴技术不断融合创新，充分释放新一代信息技术的价值，促进产业升级。

5G 与区块链技术融合，可以提供高效、安全和快速的服务体验。5G 技术和区块链技术呈现出相辅相成的关系，5G 技术为实现高效率的数字化经济提供支撑：5G 将大幅度提升区块链网络的性能和稳定性，5G 拥有更快的数据传输速度，可以以高达 10Gbit/s 的速率传输数据，借助 5G 网络，区块链系统的交易速度将会更快，区块链中各类应用的稳定性也将得到质的提升；5G 创造的万物互联为区块链带来更多可上链数据，5G 技术能带来更广的覆盖、更稳定的授权频段、更统一的标准，高速的 5G 通信技术，以及物联网、大数据和人工智能技术，都对区块链应用的构建提供有力的支持；5G 高速网络提升了区块链交易速度，5G 落地后，可使硬件端到端之间的网络通信速度大幅提升，在保持区块链去中心化程度的同时，实现更快的交易处理速度。

10.1.2 "云—网—链"融合基础设施的特点和价值

区块链在促进数据共享、优化业务流程、降低运营成本、提升协同效率、建设可信体系等方面具有强大优势，而云网能够为区块链上层应用的开发、部署和运营提供低成本、安全、高质量的资源环境，“云—网—链”的融合发展必将能够赋能千行百业，推动我国数字经济高质量发展。重构信息时代的生产关系如图 10-8 所示。

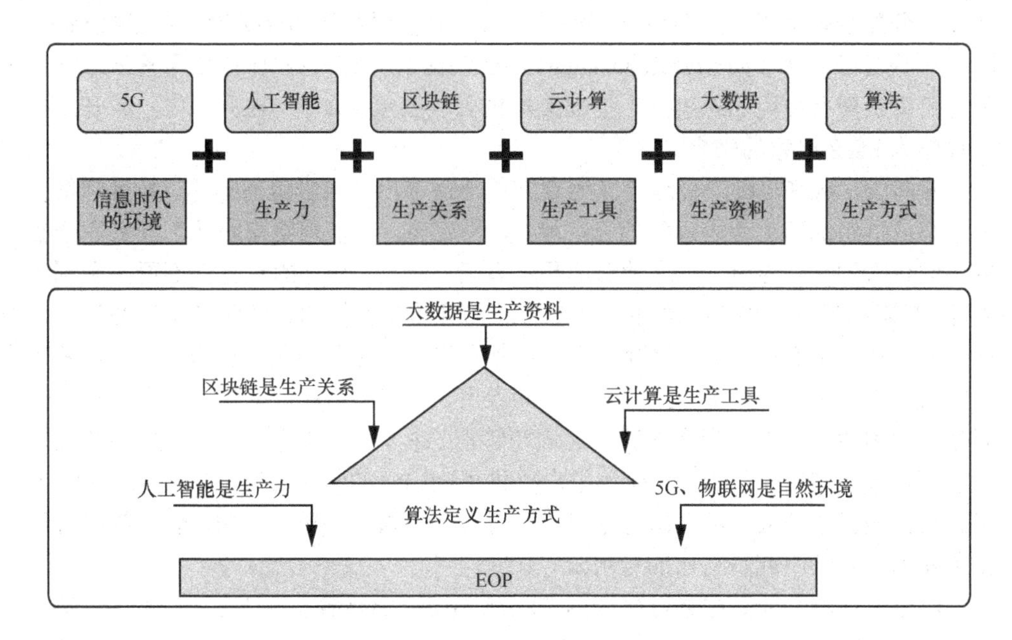

图 10-8 重构信息时代的生产关系

10.2 “云”基础设施与区块链

区块链技术的开发、研究与测试工作涉及多个系统，区块链技术的软件开发依然是一个高门槛的工作。云计算服务具有资源弹性伸缩、快速调整、低成本、高可靠性的特质，能够帮助中小企业快速、低成本地进行区块链开发部署。云计算技术与区块链技术的融合，将加速区块链技术成熟，推动区块链从供应链领域向更多领域拓展。

10.2.1 云基础设施介绍

1. 云基础建设的分类

云计算主要分为 4 种类型：私有云（Private Cloud）、公有云（Public Cloud）、混合云（Hybird Cloud）和多云（Multi Cloud）。

公有云：公有云通常由非最终用户所有的 IT 基础架构构建而成。以前的公有云基本都在组织外部运行，但如今的公有云提供商已逐渐开始在客户的内部数据中心提供云服务。所以用位置和所有权来区分已经不再适用。只要对环境进行了分区，并重新分配给多个租户，那这种云就是公有云。计费结构不再是公有云的必要特征，因为有些云提供商（如 Massachusettes Open Cloud）允许租户免费使用其云服务。公有云提供商所使用的裸机 IT 基础架构也可以抽象并作为 IaaS 出售，或开发成一种作为 PaaS 出售的平台。

私有云：私有云可广义地定义为专为单个最终用户或群组而创建，并且通常在该用户或群组的防火墙内运行的云环境。如果底层 IT 基础架构归某个拥有完全独立访问权限的客户专有，那这种云就是私有云。但是，如今的私有云不再必须利用内部 IT 基础架构来搭建。现在，许多企业已开始在租赁的、供应商所有的外部数据中心内构建私有云，所以位置和所有权都早已不是之前界定的标准。这也让私有云形成了许多子分类，包括托管私有云和专用云。其中，托管私有云是指客户可以创建并使用由第三方供应商部署、配置和管理的私有云。托管私有云适合 IT 团队人手不足或技能欠缺的企业，能为用户提供更为出色的私有云服务和基础架构；专用云就像是云中的云，可以在公有云或私有云上部署专用云。例如，会计部门可以在企业的私有云中部署自己的专用云。

混合云：混合云是由通过局域网（Local Area Network，LAN）、广域网（Wide Area Network，WAN）、虚拟专用网（Virtual Private Network，VPN）和 API 连接的多个环境构成的 IT 环境。混合云的特性较为复杂，不同的人对它的要求和理解都各不相同。例如，混合云可能需要包含：至少 1 个私有云与至少 1 个公有云；2 个或多个相互连接的私有云；2 个或多个公有云；连接至少 1 个公有云或私有云的裸机或虚拟环境。不过，如果应用可以轻松地移入或移出多个独立但相互连接的环境，每个 IT 系统就相当于 1 个混合云。这些环境中至少有一部分必须来自可按需扩展的整合 IT 资源，需要使用集成化管理和编排平台，把所有这些环境视为单个环境进行管理。

多云：多云是一种云架构，由多个云供应商提供的多个云服务组合而成，既可以是公有云，也可以是私有云。所有混合云都是多云，但并非所有多云都是混合云。当通过某种形式的集成或编排将多个云连接在一起时，多云就变成了混合云。多云环境可能是有意为之（可以更好地控制敏感数据，或作为冗余存储空间从而提高灾难恢复能力），也可能是偶然形成的（通常是影子 IT 的结果）。越来越多的企业选择了多云，以期通过扩展更多环境来提升安全水平与性能。

2. 云服务的分类

云服务是指由第三方提供商托管的基础架构、平台或软件，可通过互联网提供给用户。“即服务型”解决方案主要有 3 种类型：基础设施即服务（Infrastructure as a Service，IaaS）、平台即服务（Platform as a Service，PaaS）

和软件即服务（Software as a Service，SaaS）。每种解决方案都能促进用户数据从前端客户端通过互联网流向云服务提供商的系统，或是反向流动，但具体情况会因服务内容而异。

IaaS：IaaS是指云服务提供商通过互联网为用户管理基础设施，包括实际的服务器、网络、虚拟化和数据存储。用户可通过API或控制面板进行访问，并且基本上是租用基础设施。如操作系统、应用和中间件等内容由用户管理，而提供商则负责管理硬件、网络、硬盘驱动器、数据存储和服务器，处理中断、维修及硬件问题。这是云存储提供商的典型部署模式。

PaaS：PaaS表示硬件和应用软件平台由外部云服务提供商来提供和管理，而用户负责平台上运行的应用以及应用所依赖的数据。PaaS主要面向开发人员和编程人员，旨在为用户提供一个共享的云平台，用于进行应用的开发和管理，而无须构建和维护通常与该流程相关联的基础架构。

SaaS：SaaS是指将云服务提供商管理的软件应用交付给用户。通常，SaaS应用是一些用户可通过网页浏览器访问的Web应用或移动应用。该服务会为用户完成软件更新、错误修复及其他常规软件的维护，而用户可通过控制面板或API连接至云应用。此外，SaaS还降低了在每个用户计算机上本地安装应用的必要性，从而使群组或团队可使用更多方法来访问软件。

10.2.2 “云”基础设施与区块链的关系

1. 区块链云计算融合技术演进

云计算与区块链两项技术的融合发展，进一步加速了本地政企单位系统上云的速度，催生出一个新的云服务市场“区块链云计算服务”，既加速了区块链技术在多领域的应用拓展，又对云服务市场带来变革发展。随着区块链技术进入3.0时代，除去区块链技术本身不谈，其背后的基础设施建设也成为各大企业角逐的重点。区块链是一种解决了无中心的多方交易可信可控问题的技术体系和模式。实际上，区块链是多种技术的集合体，本质是一个基于P2P的价值传输协议，核心为共识机制、分布式网络、非对称加密系统和智能合约。

从网络架构角度不难看出，区块链的3种类型与云计算的3种类型极其类似。公有链和公有云强调对外开放、共享资源或信息；私有链和私有云强调对客户或群体的单独使用，是专有的资源；联盟链和混合云强调数据或信息的私有性，同时又能共用其他资源。然而，区块链与云计算不仅是概念上的类似，架构和部分应用也与云计算现在的形态和实现方式相似。区块链的网络建立在IP通信协议和分布式网络两项技术基础之上，且不具有中心服务器节点、中心管理节点。

从数据结构及运算力角度分析，区块链又被称为分布式账本技术，以分布式网络作为基础，且无须经过其他中心机构的审核，把每一个数据文件切碎，同时以用户自己的密钥进行加密，分散在网络中。与此同时，区块链技术引入“工作量证明”概念，通过算力的比拼，确保记录人在撰写数据方面做了一些努力。而云计算运用了虚拟化的技术，实现了对存储、计算和网络的虚拟化，与区块链的分布式存储和对计算的需求相匹配。

从区块链中智能合约的角度分析，智能合约通常被认为是一个自动担保账户，例如，当特定的条件满足时，程序就会释放和转移资金。从技术角度来讲，智能合约被认为是网络服务器，只是这些服务器并不是使用 IP 地址架设在互联网上的，而是架设在区块链上的，从而可以在其上运行特定的合约程序。智能合约是一种在区块链上的“汇编语言”，计算机可以自动执行协议。而云计算的本质是将原本在不同组织、地域中分散管理的硬件、软件资源高度整合在一个平台上，通过网络和虚拟化技术并按照组织和用户的业务需求进行更低成本的按需分配。

2. 区块链与云计算的联系

区块链的本质就是分布式账本和智能合约。分布式账本就是一个独特的数据库。这个数据库像网络一样，所有人都使用区块链就会建立一个生态系统。个人的分布式账本通过数学以及密码学建立交易序列，永久保存，难以篡改。而智能合约是交易双方互相联系的约定和规则，一旦部署，所有内容无法修改，若有一方毁约，则会受到相应的处罚。

美国国家标准与技术研究院对云计算的定义是：云计算是一种按使用量付费的模式，这种模式提供可用的、便捷的、按需的网络访问，进入可配置的计算资源共享池（包括网络、服务器、存储、应用软件、服务），这些资源能够被快速提供，只需要投入很少的管理工作，或与服务器供应商进行很少的交互。

从定义来看，云计算是按需分配的，区块链则是构建了一个信任体系，两者好像没什么直接关系。但是区块链本身就是一种资源，有按需供给的需求，是云计算的一个组成部分，云计算的技术和区块链的技术之间是可以互相融合的。

从宏观来看，利用云计算已有的基础服务设施或根据实际需求，实现开发应用流程加速，满足未来区块链生态系统中初创企业、学术机构、开源机构、联盟和金融等机构对区块链应用的需求。区块链技术以去中心化、匿名性以及数据难以篡改为主要特征，与云计算长期发展目标不谋而合。

从存储来看，云计算的存储和区块链内的存储由普通存储介质组成。区块链里存储的价值不在于存储本身，而在于相互链接难以更改的块，是一种特殊的存储服务。云计算里确实也需要这样的存储服务，例如，结合“平安城市”，将数据放在这种类型的存储里，利用区块链难以篡改的特性，将视频、语音、文件等作为公认有效的法律依据。

从安全性来看，云计算里的安全主要是确保应用能够安全、稳定、可靠地运行。而区块链内的安全则是确保每个数据块不被篡改，数据块的记录内容不被没有私钥的用户读取。利用这一点，如果把云计算和基于区块链的安全存储产品相结合，就能设计出加密存储设备。

3. 区块链与云计算的未来发展趋势

云计算和区块链结合是一种共赢：一方面，云计算可以利用自身已经成熟的基础架构或根据实际需求做出相应的调整，从而加速开发应用流程，满足未来区块链技术在各个领域的深入发展需求；另一方面，云计算要想被广大群众深度认知，必须要解决“可信、可靠、可控制”3 个问题，而且区块链技术具有去中心化、匿名性以及数据不可随意篡改等安全特性，与云计算长期发展的目标不谋而合。

区块链+云计算的结构如图 10-9 所示。

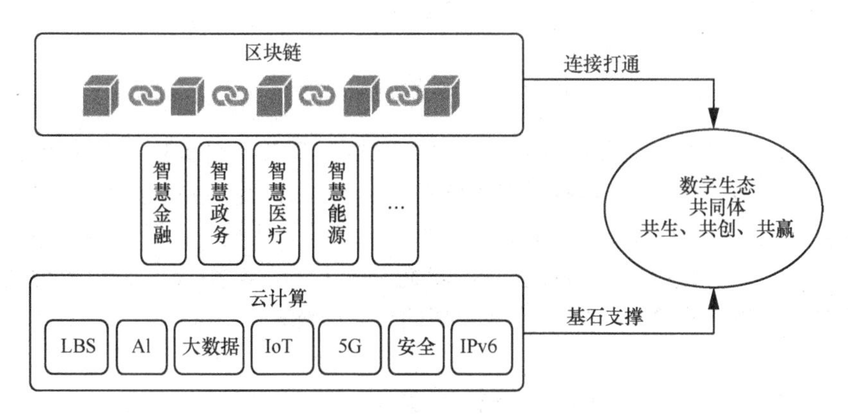

图 10-9 区块链+云计算的结构

10.3 “网”基础设施与区块链

10.3.1 “网”基础设施介绍

5G 作为新一代信息通信技术的主要发展方向，体现了国家的科技和经济竞争力，对建设网络强国、打造智慧社会、发展数字经济，实现我国经济高质量发展具有重要战略意义。5G 高速率、低时延、广连接是万物互联的数字化时代的发展基石。通信行业的发展如图 10-10 所示。

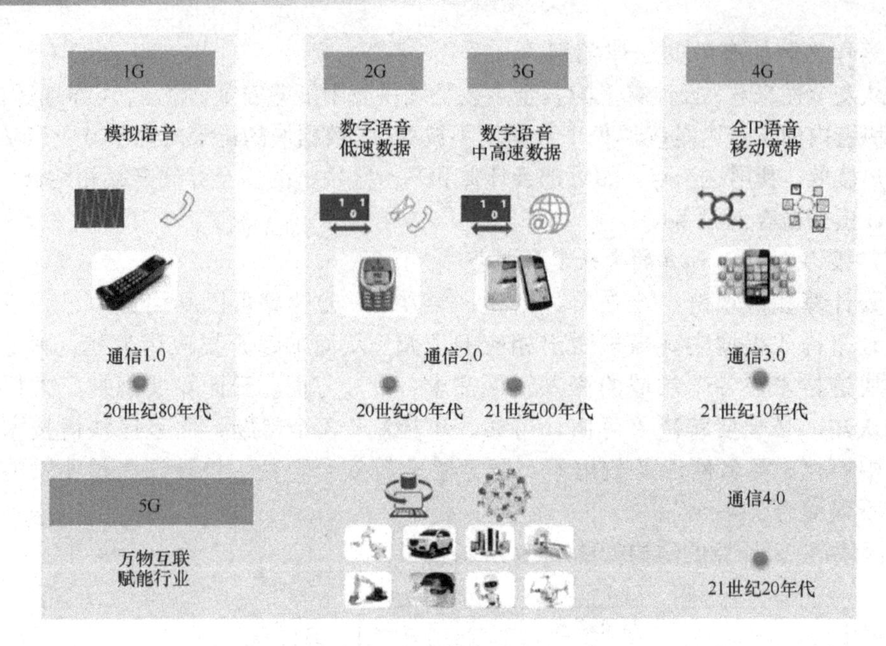

图 10-10 通信行业的发展

5G 网络使用的频段为运营商独有频段，因此 5G 具备更高的安全性及可靠性，抗干扰能力更强；5G 网络具备大带宽特性，因此 5G 满足高并发数据量承载需求；5G 网络可通过行业定制化降低时延，增加覆盖能力，因此 5G 能够保证超低时延及更广覆盖，具有更强的定制化能力，满足多样化业务需求；5G 网络能够实现快速移动场景下的数据切换，能够实现数据的可靠传输。

10.3.2 “网”基础设施与区块链的关系

5G 作为信息传输技术，具备低时延、大带宽、广连接的特点，支持分布式应用与存储、支持切片化场景应用，保障数据传输的及时性、准确性。区块链作为信息可信管理技术，将在技术融合创新、基础设施搭建、数据孤岛治理、产业生态赋能等多方面发挥积极的支撑作用，它是“新基建”的坚实基础和高质量发展的重要动力，也是解决数据确权、定价交易、保障数据安全的必要手段。

区块链与 5G 技术互补性很强，两者有机结合，能够相互赋能，如图 10-11 所示。区块链自身的特点能够保证数据安全性，解决各节点之间的信任问题，但也带来更大带宽和更高速率的需求，5G 网络的高速率、大带宽、低时延很好地解决了这个问题。5G 创造的万物互联为区块链带来万亿市场机遇。5G 为基于物联网的区块链应用提供了有力支持。5G 能极大提升区块链的性能，扩展区块链的应用范围。5G 网络的高传输速率将解决区块链点对点分布式系统消耗大量网络资源的问题，并且其低时延特性，也可极快提升区块链数据同步效率。区块链为5G应用场景提供数据保护能力，区块链技术通过加密的手段实现去中心化、信息隐私保护、历史记录防篡改、可追溯等能力，适用于对数据保护要求严格的场景。区块链促使5G实现真正点对点的价值流通，区块链在分布式部署的架构下，由去中心化的节点在链上来进行确权和分发，将促使点对点的价值交换成为可能，大大提升了终端交易的效率，降低交易成本。

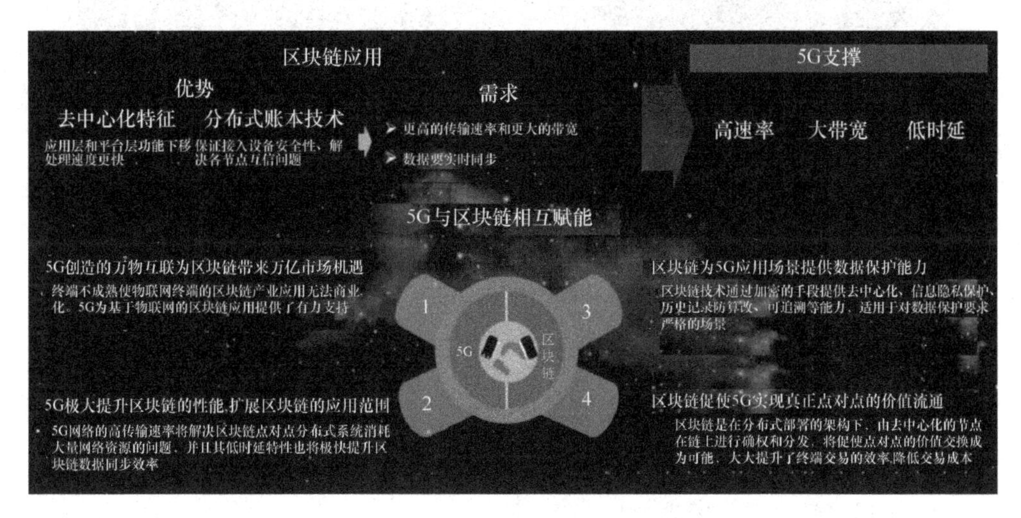

图10-11 5G与区块链相互赋能

“5G+区块链”融合应用场景将覆盖包括政务、智慧城市、金融、工农业等在内的各大垂直行业。“5G+区块链”新基建加速建设，加快了“互联网+”向各行各业渗透，并通过与物联网、大数据等新技术的融合，实现了从信息感知、传输、存储到应用的全生命周期管理，满足了数据要素市场化流通过程中对及时性、安全性、可确权、可定价的需求，同时提高万物互联及人工智能下的企业业务创新能力，从而加速企业的数字化转型进程。

10.4 中国移动“云—网—链”融合数字经济基础设施

10.4.1 中国移动“云—网—链”总体架构

1. 总体架构

“云—网—链”数智化基础设施架构如图10-12所示。整合发挥云的海量存储和超级算力、通信网络的泛在数据感知和高效数据传输能力、区块链提升现代化的数据治理和可信价值传递能力，打造“共享性基础网络”“集中化能力平台”“端到端数据治理”“融合性技术引擎”和“一体化解决方案”，建设高质量的数智化融合基础设施，构建面向经济社会高质量转型发展的综合支撑环境。

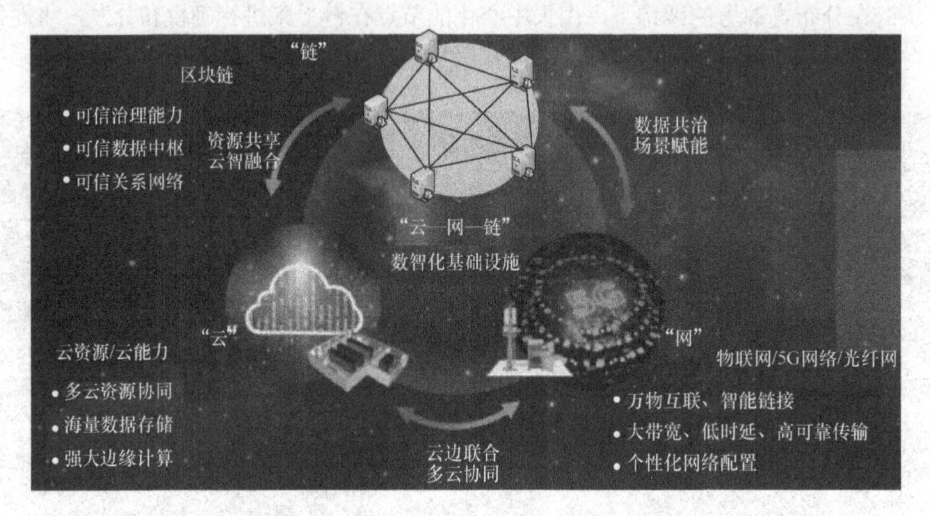

图 10-12 “云—网—链”数智化基础设施架构

2. 中国移动“云”实践

数智云：打造数据存储新底座。建设汇聚公有云、私有云、终端云、边缘云的数智云服务体系，创新商业模式，提升服务能力，提供灵活接入、资源共享、弹性扩展、安全可信的云服务能力，构建数据存储的新底座。数智云的分类如图 10-13 所示。

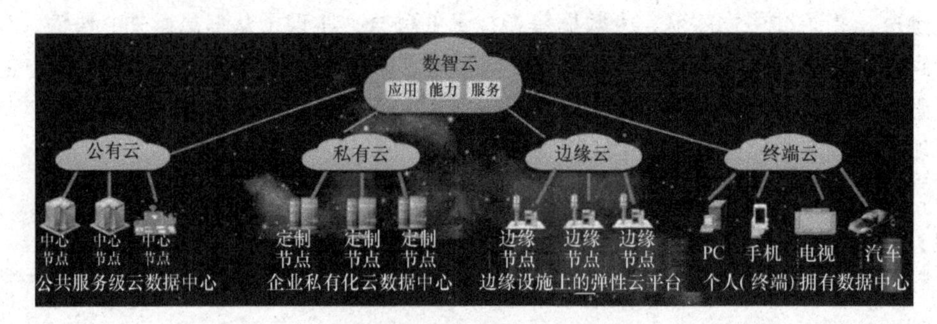

图 10-13 数智云的分类

（1）公有云

公共服务级云数据中心，是云服务商/运营商集中重点建设的超大规模基础设施，对外提供低成本云服务能力。

（2）私有云

企业私有化云数据中心，是服务企业建设的私有化数据中心，赋能 ICT 行业云资源解决方案。

（3）边缘云

边缘设施上的弹性云平台，聚焦局域应用场景，通过云边协同通道实现云服务延伸下沉和价值增值。

（4）终端云

终端拥有的数据中心，产生以数据资产确权为基础的泛在业务与技术链接。

3. 中国移动“网”实践

数智网：建设数据传输“新高速”。以 5G 为代表的新型信息通信技术呈现出融合速度加快、迭代周期缩短的趋势，并通过与人工智能、物联网、云计算、大数据、边缘计算、区块链等新型信息通信技术融合创新，引发链式变革，产生乘数效益，驱动社会经济的全方位数字化新变革。大力构建以 5G 为中心的数智网，建设信息“高速”，畅通经济社会信息“大动脉”。加大 5G 精准建设力度，积极推进共建共享，统筹场景需求，做到多频协同、集约高效部署，实现全国市县城区、重点乡镇及重点区域良好覆盖，构建“万物互联、人机交互、天地一体”的、融合协同的新型信息基础设施。同时，深化 5G 与 AICDE、区块链融合创新，推动端到端网络切片、边缘计算、上行增强等方案成熟应用，加快网络虚拟化、软件化演进，使网络更加集约、高效、灵活。以 5G 为中心的数智网如图 10-14 所示。

图 10-14 以 5G 为中心的数智网

2019 年，中国移动以“4G 改变生活，5G 改变社会”为愿景，发布了“5G+”战略。“5G+”战略有 3 个核心内涵：第一个内涵是 5G+AICDE，就是要推动 5G 与人工智能（A）、物联网（I）、云计算（C）、大数据（D）和边缘计算（E）等新技术的深度融合，打造智能连接与数字服务新能力，加速应用创新落地；第二个内涵是 5G+ECO，就是要联合企业、组织协会、社会开发者及科研机构，打造开放型生态创新能力，充分发挥 5G 生态的辐射力和影响力，促进 5G 与各行业的融通发展；第三个内涵是 5G+*X*，就是要突破规模空间大的重点行业和应用范围广的通用场景，打造 5G 新产品、新服务、新模式、新业态，助力各行业实现变革。最终通过“5G+”战略的落地，充分发挥 5G 的技术赋能与创新作用，使 5G 成为社会信息流动的主动脉、产业转型升级的加速器、数字社会构建的新基石，助力综合国力提升、经济高质量发展和社会转型升级。

2020 年是中国移动集团公司成立 20 周年的历史新起点，面向创世界一流发展目标，中国移动筑牢“力量大厦”，围绕数据信息这一战略性生产要素，向“创新驱动”转型、向信息服务拓展，主动融入国家数字经济建设发展大局，积极对接各地信息化建设、区域发展战略，切实发挥自身优势、拓展新的发展空间。通信网络是数据要素传输的“基建”，更是基础电信企业的立足之本，如果说 4G 是“信息跑道”，5G 则是“信息高速”。2020 年，中国移动为 5G 发展按下“快进键”，全面落实 “5G+”计划，打造覆盖全国、技术先进、品质优良的 5G 精品网络，构建“万物互联、人机交互、天地一体”的新型信息基础设施，加速推进 5G 应用融入百业、服务大众。为又快又好地建设 5G 网络新高速，中国移动提出“打地基、造工具、耕田地、种庄稼、建生态”五大重点举措，截至 2020 年 8 月，中国移动已建成近 30 万个 5G 基站、覆盖全国 300 余个重点城市，超前完成了全年 5G 建设任务，上至珠峰 8848.86m、下至矿井下 534m，都有移动的 5G 信号。据 GSMA 数据，截至 2020 年 6 月，全球每两个 5G 连接，就有一个来自中国移动，可见，5G 这一数据传输的“新高速”建设已初具规模。

目前，中国移动 5G 建设已经融入百业、服务大众，以高速信息网络为纽带促进物理世界与数字世界的融合，以智能化系统降低人工操作需求、实现无纸化和在线化操作，进一步以 AR/VR 实现身临其境的临场体验，由“永远在线”转化为“永远在场”。中国移动联合伙伴，面向 14 个垂直行业、打造 100 个应用场景、树立超过 100 个案例标杆，发挥了示范作用。

10.4.2 中国移动“云—网—链”基础设施实践

有了 5G、区块链等数据要素基础设施的“肥沃土壤”，信息技术与业务场景深度结合，逐步形成了数字孪生、数据资产、数字大脑等服务于数字社会经济发展的核心应用能力。数字孪生连接了物理世界与数字世界，通过智能系统模型的实时、双向、全生命周期的真实映射，高效应用于工业制造、智慧城市建设等领域。数字资产打造了数字要素的交易市场，利用区块链技术解决数据确权、精准定价、隐私保护等资产化问题，开创新经济、新业态、新模式。数字大脑创新了技术、业务、数据融汇的智能平台新框架，融合数据可信中枢，深挖数据价值，提升信息服务开放能力。目前，随着 BSN 在多个省市拓展落地，数据要素的创新驱动作用已见实效。如杭州下城区以区块链专网能力赋能数字“城市大脑”，雄安新区打造融合区块链设施、建设“数字孪生”城市，长沙建设“政务专网+主干网”区块链基础网络、构建立体化的区块链产业生态，有力推动现代化政务与社会治理、赋能数字经济发展。下面以长沙市 BSN 政务专网项目为例，介绍中国移动建设“云—网—链”数智化基础设施的领先实践。

1. 湖南省区块链发展

目前，数字化正引发新一代社会经济变革，通过数字技术与实体经济深度融合，不断提高数字化、网络化、智能化水平，加速重构经济发展与治理模式的新型经济形态。长沙移动坚决贯彻落实集团公司工作要求，聚焦“四个三”战略内核，深化 CHBN 全向发力融合发展，大力推进“5G+AICDE”计划落地，精准发力云网工程，深度融入长沙地方经济，打造长沙区块链标杆项目，助力长沙市向数字化、网络化、智能化城市转型。

BSN 是一个跨云、跨门户、跨底层框架的全球性区块链基础设施。BSN 以建设公共基础设施的理念进行研究、设计、建设和运营，核心目标是持续降低区块链技术的应用成本、技术门槛和监管难度，实现区块链应用的资源共享与互联互通。

2. 长沙市 BSN 政务专网

长沙市 BSN 政务专网主要依托长沙市现有电子政务外网环境，部署了一整套包括政务专网区块链公共节点、监管节点和运营与运维管理系统在内的区块链政务专网纳管平台，提供用于各委办局之间业务数据共享、数据存证等通用基础能力，打造了政务管理、民生服务的“信任网、价值网、生态网”。长沙市 BSN 政务专网规划如图 10-15 所示，初期依托长沙市政务云，建设了“5+1”节点区块链服务网络，打造具有长沙特色的“智信、智管、智治”市—县两级区块链政务协同平台。

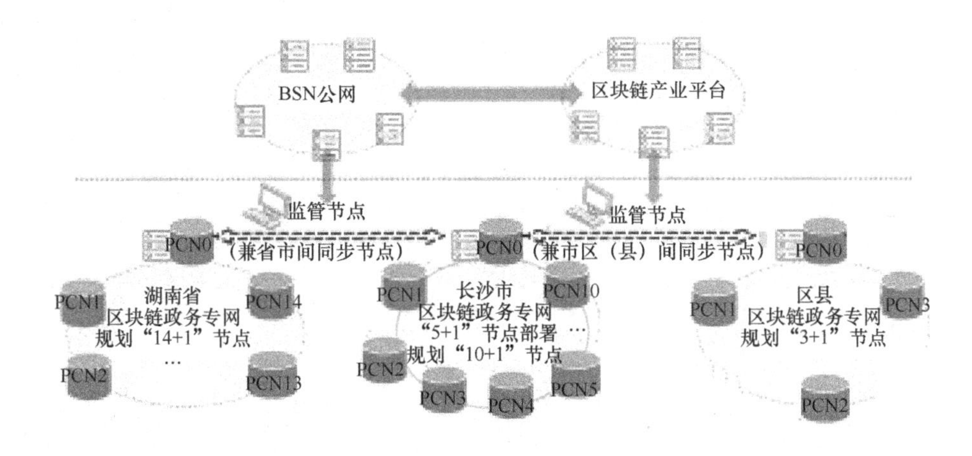

图 10-15　长沙市 BSN 政务专网规划

参考文献

[1] 李奕, 胡丹青. 区块链在社会公益领域的应用实践[J]. 信息技术与标准化, 2017(3): 25-27.

[2] 前瞻产业研究. 2020 年中国新基建产业报告[R]. 2020.

[3] 中国电子信息产业发展研究院. 中国“新基建”发展研究报告[R]. 2020.

[4] 2020 年云计算发展特点[J]. 网络传播, 2021(9): 92-93.

[5] 中国信息通信研究院. 区块链基础设施研究报告[R]. 2021.

第四篇　区块链行业应用案例

第11章 区块链通用赋能能力

区块链的高透明度带来了高确定性。不仅如此，区块链技术还能对链上每一笔数据形成了难以伪造、难以篡改的记录，为监管机构全面了解交易、快速识别风险、实现“穿透式监管”提供了可能，将区块链的通用赋能能力应用于存证、数据共享、激励和监管等方面，实现了里程碑式的突破。

11.1 区块链赋能存证技术

11.1.1 存证的定义

区块链存证简单理解就是有多方参与的司法存证的链条。将区块链技术应用到合同签署存证上，就是将签署时间、签署主体、文件哈希值等电子合同的数字指纹信息传到“法链”所有成员各自的节点上，所有信息一经存储，任何一方都难以篡改。

利用区块链技术进行电子存证，将需要存证的电子数据以交易的形式记录下来，打上时间戳，记录在区块中，从而完成数据保全及存证的过程。在数据的存储过程中，多个参与方节点共同见证，共同维护一个分布式的账本，极大降低了数据丢失、被篡改、被攻击的可能性。

11.1.2 区块链存证相较于传统文件存储的优势

1. 节省中介交易成本

由于区块链使用的是去中心化分布式存储结构，所以在彼此之间并没有互信的基础上，也可以使用规模比较大的协作工具，因此在很多传统中心化领域中都可以使用区块链服务，并且能够处理原来交由中介机构处理的一些交易，降低中介交易成本。

2. 数据内容难以篡改

在使用传统分布式存储的时候，可能会遭遇数据被追踪和篡改的问题，一旦数据信息被伪造，就会给客户带来严重的损失。区块链具有有效控制和预防机制，使用区块链技术就能解决数据被追踪和篡改的问题，为数据信息的防伪提供了良好的技术支持。

3. 良好的安全信任机制

因为传统的分布式存储是由中心化数据中心收集数据信息的，所以在存储以及使用中就会存在缺陷。区块链技术可以通过建立网络信任共识，从而建立一套良好的安全信任机制，让企业在使用区块链技术的时候更加放心。

11.1.3　区块链在存证方面的技术优势

相较于普通存证方式，区块链存证的技术优势如下。

- 完整性保障：防篡改，采用哈希、电子签名、可信时间戳技术，从数学和技术层面保护电子数据。
- 安全性存储："区块链+"云存储，可信云加密存储电子数据，并和其他关键数据指纹一同存储在区块链中，确保数据安全可信。
- 隐私性保护：可不上传源文档，用户可以在不上传原文件的情况下，仅上传数据指纹，充分保护商业秘密和个人隐私。
- 时序性严格：由国家授时中心授时，并根据区块链的时序不可逆性，确保存证的时间可信。

11.1.4　区块链在存证方面的应用

Satoshi Nakamoto 在比特币中使用了默克尔树的方式对交易的验证进行简化，基本原理是对单条交易做 Hash 运算，再将两条交易的 Hash 组合后进行 Hash，经过几次同样的过程后形成一个根 Hash，存于区块头中。这样，任何树上任何一笔交易被更改，都会造成根的不同。采用同样的方式进行数据存证，将文件哈希以默克尔树的形式组织，最后将根 Hash 写入比特币的一个可以提供 80byte 空间的 OP_Return 区域中。相当于将数据存证在一笔难以篡改的交易中，从而完成了存证的过程。这个过程称为锚定。通过开发一个妥善可用的锚定程序，在数据锚定到区块链之后，能够实现数据的快速检索、验证等。

原件通过取证生成证件记录，该记录被用户创建并提交到分组传送网（Packet

Transport Network，PTN）。通过 Hash 和编码信息，用户可以确保记录的隐私性。通过记录一份文档的一段 Hash 值，PTN 可以提供基本的发布证明。然后，用户可以生成文档的 Hash 值，并和之前链块记录的 Hash 值进行比对，判断文档是否是当初发布的版本。

11.2 区块链赋能数据共享技术

区块链的用途之一就是推动数据共享。如今社会正朝着数字化的方向转变，数字经济也正处于发展的上坡期，需要充分利用数据生产资料来重构生产关系，为发展提供重要推动力。要最大限度地挖掘数据的潜在价值，就要将数据充分共享，多层次、多方位地加以利用。但数据属于比较敏感的资源，在共享过程中会出现很多问题，如数据确权、数据安全传输、数据真实性、数据隐私保护等，只有解决了这些问题，才能真正实现数据的安全高效共享。

区块链技术具有去中心化、点对点安全通信、非对称加密保护隐私、数据难以篡改、可溯源等特性，非常适合应用于数据共享领域，可以有效解决上述问题。下面以智慧城市数据共享和政务数据共享为例，介绍区块链技术如何赋能数据共享，重构社会生产关系。

11.2.1 基础设施数据共享

在智慧城市系统中，首先由智能终端设备采集各类数据，然后通过互联网与计算机技术传输、存储、处理、分析、响应城市运作过程中各领域、各环节的关键信息，为包含公共安全、能源管控、民生环保在内的各个领域提供智能决策和需求响应。近年来，智慧城市这一话题受到了社会各界的广泛关注，我国的新型智慧城市建设逐渐步入急需数据驱动的统筹推进期。随着智慧城市的落地应用，在数据共享过程中暴露许多问题，具体如下。

1）数据安全性问题。在智慧城市的构建过程中，大量物联网智能终端设备会采集海量数据，传统的中心化系统难以保证数据的安全性及真实性。由于大量的智能终端暴露在公共区域，网络受到攻击的风险大大增加，数据污染、恶意终端接入、DDoS 等问题日益严重，传统中心化数据存储模式不足以应对这些问题。

2）数据孤岛问题。智慧城市建设过程中，基础设施产生的数据的所有权属于不同主体，共享时权责界限不明确，再加上通信方面存在数据结构与流通接口不统一、互联互通程度严重不足等问题，导致数据共享困难，形成数据孤岛。

3）数据通信流程复杂，分析处理效率低。传统数据通信是以自下而上的金字塔型架构进行流通的，数据需要经过层层筛选、处理，最后由中心化机构做出分析决策，系统处理效率低，不足以满足智慧城市中决策实时、精准的要求。

4）数据来源以被动采集为主，用户参与度不足。受终端设备的限制，系统吸引用户能力弱，用户参与度不足，用户需求不能有效表达，智慧城市中各项系统功能与用户需求之间存在较大差距，无法做到以人为本的建设宗旨。

使用区块链技术助力智慧城市建设过程中的数据共享环节，可有效解决上述问题，既能保证数据真实性，又能保护用户隐私不被泄露，同时明确数据权责、提高数据处理效率，最大限度地激活市民对社会治理的积极性。

1）利用区块链技术中的身份核验机制和数据加密机制，可以确保智慧城市系统建设的终端数据安全可信。首先，为每个终端设备颁发唯一的数字身份证书；然后，运用身份认证机制确定终端的身份，以此保证数据的来源可靠；最后，运用非对称加密技术为每个设备单独生成公私钥对，通过公私钥对数据加密传输，保证数据传输过程中的数据和隐私安全。

2）运用区块链技术可以打破智慧城市各部门之间的“数据孤岛”。区块链技术适用于跨部门和跨组织之间的数据共享场景，依靠该技术可以明确数据权责，统一通信接口，在保证数据及隐私安全的前提下，实现对数据处理过程的精准追溯。

3）区块链技术能够为边缘计算保驾护航。采用边缘计算是提高智慧城市数据处理效率的有效途径，区块链的分布式数据存储机制和 P2P 拓扑结构能够与边缘计算技术完美融合，以此来提高边缘节点的安全性、私密性。同时，还可以将边缘节点设置为区块链网络中不参与共识过程的轻节点，有效减少通过终端实现的网络攻击行为。

4）区块链技术能提高政府公信力，调动群众参与智慧城市治理的积极性。传统中心化数据共享与监管平台的公信力较低，无法真正取得公众的信任。采用区块链技术可以让公众看到安全真实的数据，保障公众的知情权和参与权，并且通过激励机制鼓励公众参与社会监管和建议建言，提高民众参与智慧城市构建与管理的积极性。通过监管违法犯罪行为，将责任精确到个人并形成个人信用记录，提高对不法分子的约束力。

区块链技术的应用推动了智慧城市中多个领域（包括信息通信、交通、能源电力、城市治理、民生医疗等）的智能化发展。在信息通信领域，将区块链与城市感知网结合，在确保通信安全的前提下构建分布式物联网，提升城市物联网设备的信息传输效率与可信水平，赋能智慧城市发展。在交通领域，将区块链与网联智能汽车相结合，构建自动驾驶数据市场，共享驾驶数据，提高车辆数据安全保障能力。在能源电力领域，通过区块链技术将用户、电力供应商、电网公司连接起来，实现多主体之间的数据共享。在城市治理领域，使用区块链技术的数据结构和共识机制，保证数据质量，提升政府治理能力。在民生医疗领域，将医疗设备数据、患者电子病历等信息记录在区块链上，加强医院之间数据交流，给予患者最优质的医疗方案，同时还可以在发生医疗事故时精准追责，减少医患矛盾。

推动智慧城市发展少不了区块链技术的助力，其中主要体现在数据共享方面。想要推动社会数字化、智能化发展，需要大量的数据作为基础支撑，而数据的利用必然涉及共享。利用区块链中的分布式存储、点对点通信、隐私加密、智能合约等技术，可以在保证安全稳定的前提下最大化数据共享程度，挖掘数据的潜在价值。

11.2.2　政务数据共享

随着我国数字政府的建设发展，政务数据规模越来越大、类型越来越多，呈现出多样化和复杂化的特点。这些政务数据是社会活动的数字化记录，有着巨大的潜在价值。区块链技术能够帮助政务数据安全合法地流通，改善“数据孤岛”的现象，使得政务数据发挥最大的价值，提高政府工作质量。

将区块链技术应用于政务数据共享，利用其去中心化、时间戳、加密技术与智能合约等特征，为政务数据的需求者提供一种安全、可靠、透明、开放的共享方案。基于区块链的政务数据安全共享模式可以实现多部门、多级别之间的点对点数据交换、共享，同时对共享流程进行不可变记录，实现了政务数据信息的可追溯管理，扩大了政务数据共享范围，提高了共享效率。如果使用联盟链，还可以设定不同的读写权限，设计不同的共识机制和更加稳定的通信机制，建链方式更加灵活、民主。

在政务大数据安全共享系统中，数据供需双方依托区块链基础设施，凭借数据监督方颁布的数字证书加入共享网络。每个政府部门（参与者）管理一个或多个节点，节点托管的账本记录每个部门拥有原始数据的元数据、数据所在部门、采集时间、数据资源目录等信息，以及部门之间数据共享事件信息，如共享双方信息、数据描述信息、事件发生时间等。区块中的这些信息明确了数据资源的归属权以及共享使用情况，若因数据存在问题而产生纠纷，可以由监督节点对相关信息进行溯源，明确相应权责，公平公正地解决矛盾。同时还可以定义专属共识机制来适应各类场景，通常情况下，政务数据共享系统的共识机制应满足以下几点：

- 对不同层级赋予不同权限；
- 记录节点应由高权限节点担任；
- 网络中支持中心化组织，出现危机时，此组织可掌握控制权；
- 共识机制达成方式简单可靠。

如此便可解决政务数据共享中的大多数问题，改善共享情况，提高政府工作效率。

总而言之，区块链技术非常适合应用于各类数据共享场景，通过提高数据共享程度和效率来推动社会数字化转型，重构社会生产关系。区块链技术也因其去中心化、数据难以篡改、安全、私密等特性而备受研发人员青睐，是推动现代社会快速发展的重要技术之一，具有很高的研究价值。

11.3　区块链赋能监管技术

随着 5G、工业互联网等新技术在垂直行业领域的应用逐步拓展，深度跨界融合成为当下数字经济发展的重要特征，传统属地化、条块式监管难以满足实际需要。区块链协作、可靠的技术特征与信用监管机制联动、精准的管理特点完美契合，有助于实现信用监管平台化、智能化，切实提升数字经济新形势下的行业监管效率。下面以信息通信行业为例，介绍区块链监管技术。

区块链技术为信用监管效能提升提供了新可能。区块链本质上是由多个主体参与的分布式数据系统，具备分布式、透明性、可追溯、防篡改等特征，为信用信息的共享、应用、安全提供了新的解决思路。

分布式存储技术保障信用信息协同互信。区块链支持信用信息共建共享，能解决社会信用体系长期以来面临的“信息孤岛”难题，保障信用信息的完整性。智能合约技术保障信用信息应用的主动性。区块链可以自动完成信用信息应用流程，通过数学算法实现信用信息应用的自动触发执行，便于监管部门主动、精准地实施信用监管。防篡改技术保障信用信息流转高效可靠。区块链确保记录过程单向不可逆且不可伪造，有助于提升信息录入效率，降低人工审核难度和成本。“区块链 + 信用监管”模式充分利用区块链技术特性，有助于保障信用数据安全可靠，实现信用监管共治目标，进一步推动信息通信行业信用监管的精准化与智慧化。

实现事前信用评估预警。在事前准入环节，将信用信息通过信息通信行业信用管理系统，以及其他行业信用共享系统上链，多维刻画市场主体及主要经营人员的“信用画像”，实现许可审批与实际信用水平衔接。

保障事中信用记录可信。在事中记录环节，将信用管理系统上链，将每次的违法违规处置记录建档留痕，做到可查可核可溯。通过智能算法动态评估市场主体的信用情况，按相关标准进行分级分类，及时落实差异化监管措施。

提升事后信用惩戒效力。在事后应用环节，通过将各行业信用共享系统上链，支持跨地区、跨部门、跨层级的数据交换与信息共享，实现多方联合惩戒措施自动触发执行，提升信用惩戒力度和威慑力。

第12章 “区块链+存证”应用案例

区块链存证，就是把数据存储到区块链上，达到防篡改、可追溯、让数据来源可信任的目的。数据可以是文字、视频、音频、图片等文件形式。

将区块链存证技术与政务相结合，建设信用信息征集、评价、披露和应用于一体的制度机制；利用区块链技术，可将居民、企业、部门单位等纳入信用管理系统，实现数据的公开化、透明化，实现“互联网+政务”的优化升级。

将区块链存证技术与金融相结合，可提高伪造和篡改原有发票的难度，有效防止一票多报，并以加密和数据隔离创新隐私保护策略，同时实现发票流与资金流二流合一。经营者可以在区块链上实现发票申领、开具、查验、入账，消费者可以实现链上存储、流转、报销。

12.1 案例分析

目前，区块链存证技术被广泛用于各行各业，以其独特的优势为政务协同、证照管理、票据存证助力。

1）电子政务协同平台：政府基于区块链的不动产登记系统。通过建设不动产“一窗受理”综合服务平台，保持各部门协调联动，保持不动产登记与横向相关部门信息化系统之间的紧密衔接。实现各部门的电子证照上链存储，确保数据真实性和可靠性，从而提高政务办理效率，真正实现普惠利民。

2）电子证照管理平台：例如，基于区块链的电子证照多端应用，利用区块链的分布式、防篡改、可追溯等特性，北京市政务服务局为电子证照应用打造了一个由多方参与鉴证的可信任环境，办事人无须携带相关证照原件或复印件，通过手机授权即可办理业务。

3）电子金融票据平台：财政电子票据区块链平台，通过把用户的线上电子票据存储在区块链上，将票据信息实时上链，保证票据信息难以篡改和可溯源，提高数据共享和业务协同的效率，并且实现金融可监管。

4）疫苗溯源平台——基于区块链的疫苗溯源平台，可以为疫苗全程追溯提供坚实基础，使疫苗信息难以篡改，保障疫苗信息真实有效。同时，用户可便捷地查询疫苗的生产、物流等信息，实现信息多方共享。

12.1.1 基于区块链的不动产登记系统

基于区块链的不动产登记系统解决方案如图 12-1 所示，发挥区块链技术在电子存证存照、数据共享交换与业务协同办理等方面的优势，实现了企业间存量非住宅不动产交易登记、抵押登记、抵押注销登记、夫妻更名、一网通办业务填报精简材料、存量房交易登记一网通办流程优化、不动产登记电子证照数据上链及应用推广 7 个场景，涉及多个政府部门和企事业单位。

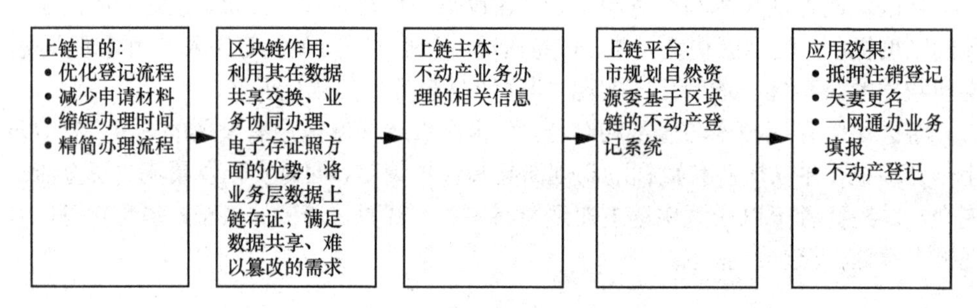

图 12-1 基于区块链的不动产登记系统解决方案

1. 现有问题

1）电子证照推广应用存在可信度问题。

2）抵押登记与抵押注销登记业务量大，审批工作量大。

3）企业间非住宅不动产交易登记业务办理重复提交材料、核税时间长。

4）夫妻更名业务办理需要提交的材料多。

5）数据共享信息使用率较低，办业务填报材料多。

2. 不动产登记与区块链技术应用结合点

（1）不动产登记业务办理相关信息上链存证

不动产登记电子证照上链存证，保证电子证照可信。在不动产登记过程中，将从公安、民政、市场监管等部门共享数据的过程及结果上链存证，实现共享过程的可追溯。将不动产登记业务的自动审批过程及结果上链存证，实现抵押注销登记业务的智能秒批。

（2）电子证照使用

部门对电子证照进行验证和查证，相关部门可在申请人使用不动产登记电子证照进行业务办理时，将申请人出示的电子证照与区块链上存证的电子证照信息进行对比核验，验证证照真伪。区块链使用方可通过输入查询条件，直接从区块链上拉取电子证照数据，支撑业务办理。

（3）减环节减材料

与不动产登记相关业务部门、银行、水电气热等部门建立联盟链，优化营商环境改革要求，利用新技术和信息共享推动不动产登记减环节和减材料，方便企业和群众。

3. 区块链技术选型的原则

1）充分利用大数据平台和目录链进行委办局数据交换和共享。

2）区块链平台搭建依据统一标准规范。

3）按优化营商环境改革要求优化流程、减少申请材料、缩短办理时间，为企业和群众提供简易办理流程。

4）基于审批规则和数据现状进行流程设计和优化，保障审批安全，规避审批风险。

5）按照系统等保三级要求建设，加强网络安全，保证数据交互的安全性。

6）区块链平台按照简便易行、安全有序的原则进行设计。

4. 总体架构

不动产登记系统总体架构如图12-2所示，包括以下4个部分。

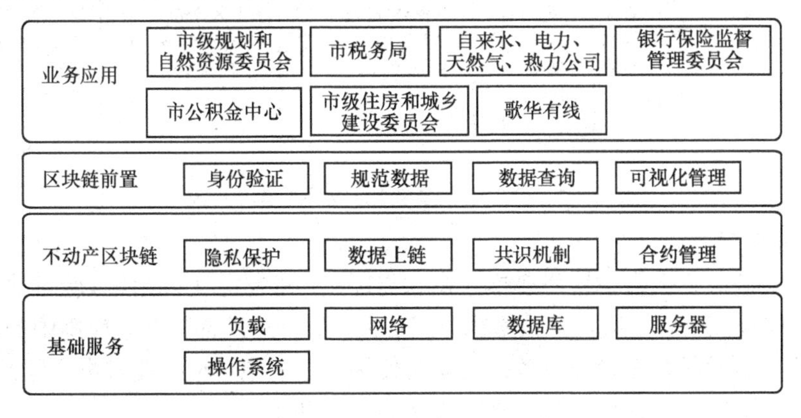

图12-2 不动产登记系统总体架构

（1）业务应用层

与用户密切相关，对用户的行为或者结果进行记录，并通过区块链前置系统将记录的数据进行上链。

（2）区块链前置层

存证平台通过前置服务，与链进行交互，前置服务作为桥接层，负责处理平台的请求，并对请求进行系列性验证，然后与链进行交互。前置服务会保证平台数据的一致性和容错性，在出现某些未知异常时也能恢复当前业务。在上链出现未知异常时，通过还原业务参数进行补偿上链。

（3）不动产区块链层

不动产区块链将业务层的数据进行上链存证，满足数据共享及难以篡改等需求。

（4）基础服务层

负载均衡建立在现有网络结构之上，它提供了一种有效透明的方法扩展网络设备和服务器的带宽，增加吞吐量、加强网络数据处理能力、提高网络的灵活性和可用性。整套系统都会对单节点服务进行负载配置，保证某一节点宕机后，整套服务可以继续正常完成业务。

12.1.2 基于区块链的电子证照多端应用

政府基于区块链的电子证照多端应用涉及多个政府部门和企事业单位，充分发挥了区块链技术在电子存证存照、数据共享交换与业务协同办理等方面的优势，基于区块链电子证照多端应用流程如图 12-3 所示。

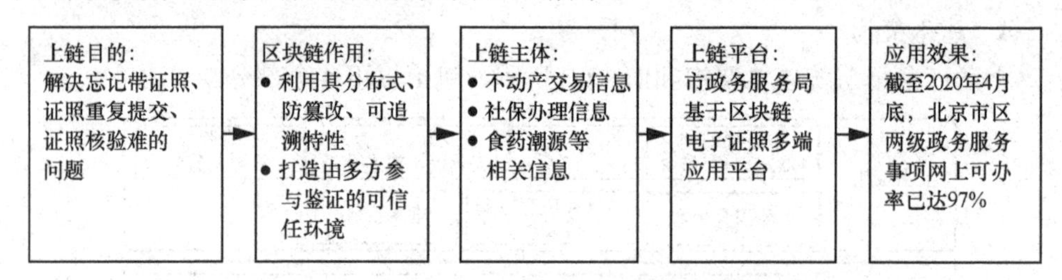

图 12-3 基于区块链电子证照多端应用流程

1. 现有问题

当前企业和个人办理各类事项存在忘带证照、重复提交、证照核验难等一系列问题，需积极探索解决区块链技术在电子证照跨区域、跨部门共享应用中的以下问题：防止证照数据遭窃取或篡改；公众在使用电子证照中便捷授权电子证照使用；告知公众证照的使用痕迹，让公众放心使用电子证照。

2. 区块链技术选型的原则

1）自主性。使用者可根据自己的意愿决定字段级数据授权，不泄露其他信息，保障用户隐私。

2）合规性。区块链信息服务提供者需按照相关要求，选择合适的技术支持单位。

3）安全隐私。保证数据所有方对自有数据拥有完全的所有权和掌控权。

4）可扩展性。技术架构能够具备更多的包容性和更大的弹性，其各组成模块有灵活的可插拔性，便于支持法律和监管环境下分布式账本技术的落地。

5）技术支持。采用国内拥有自主知识产权的区块链技术平台，单链只需要4核2.1GHz普通CPU即可突破2.5万TPS，并可通过多链技术支持百万级别TPS。

3. 总体架构

电子证照多端应用总体架构如图12-4所示，共4层，其中基础服务层、业务应用层依托现有资源，避免重复建设和浪费。

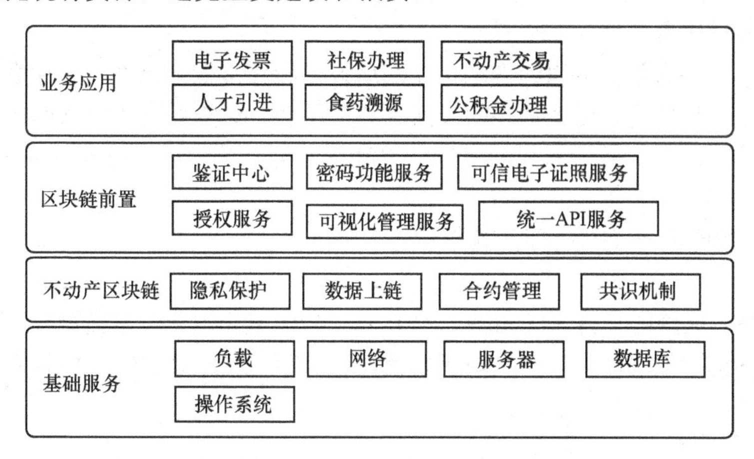

图12-4 电子证照多端应用总体架构

（1）业务应用层

提供对接不动产交易、社保办理、食药溯源等业务场景。

（2）区块链前置层

提供鉴证中心、可信电子证照服务、授权服务等，同时链接区块链底层网络与各参与方的业务系统或其他区块链系统，深度集成、整合数据节点的调用接口和密码服务的功能，统一对外提供功能丰富和易用的区块链API。

（3）不动产区块链层

作为核心层提供区块链平台内核、区块链加密平台和区块链管理平台。其中平台内核包括如下几项。

- 联盟链共识机制：支持基于背书模型的共识机制，同时支持Raft共识机制。
- 区块链账本管理：通过不同节点共同记录与维护一套分布式账本，形成区块链系统防篡改、可溯源的数据机制。
- 区块链节点身份管理：基于数字签名实现节点的身份管理，数字签名服务被接收者用以确认数据单元的完整性以及不可伪造性。加密平台通过多项密码学技术实现数据的隐私保护，包括多层次密钥保护机制、多种密码协议配用、字段级加密及授权解密、3D 零知识证明等核心技术。管理平台帮助用户实现对区块链网络的快速部署和便捷管理，解决区块链技术在实际应用中门槛高、操作复杂的难题。为用户提供了包括区块链网络参数管理、网络成员 CA 管理、节点管理、智能合约管理、共识与网络监管等丰富功能。

- 提供涉及相关业务场景的智能合约编写、发布、审核功能，支撑数字身份、电子证照、政务事项等政务业务应用。

（4）基础服务层

提供了一种有效、透明的方法扩展网络设备和服务器的带宽，增加吞吐量，提高网络数据处理能力，提高网络的灵活性和可用性。整套系统都会对单节点服务进行负载配置，以保证某一节点宕机后，整套服务可以继续正常完成业务。

12.1.3　财政电子票据区块链平台

财政电子区块链平台流程如图 12-5 所示。近年来，电子发票数量逐渐增加，大家只需要扫描二维码就可以开具电子发票，而且不必像纸质发票一样担心丢失发票而无法报销。

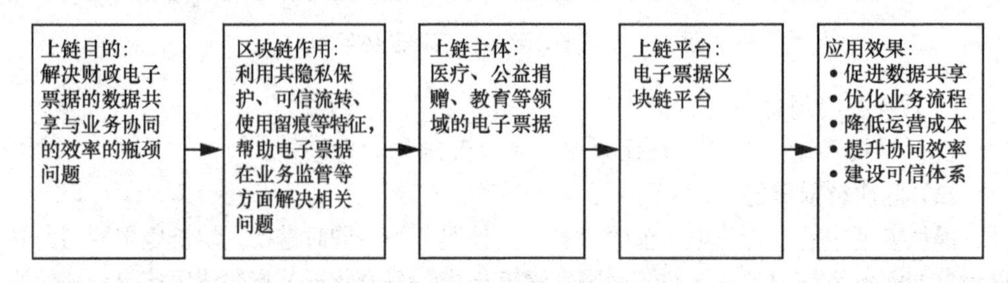

图 12-5　财政电子区块链平台流程

但是开具电子发票也面临一些信任问题。例如，电子发票没有打印次数的限制，存在报销者重复报销、报销者修改发票信息后报销的风险，这种情况虽然可以通过人力排查，但是对每一张发票都进行人工检验，无疑增加了人力成本。

1. 现有问题

财政票据广泛应用于各个领域，与企业和群众办事息息相关，在财政电子票据流转的环节中，流转状态不易记录，财政部门、报销单位和审计部门对过程难以验证。而且，财政电子票据的数据存储在财政部门和用票单位，在现有信息系统架构下受对接及权限控制等方面因素限制，数据共享和业务协同的效率仍存在瓶颈。

2. 利用区块链技术解决现有问题

建立“区块链+应用”生态体系结构，将税务机关、开票企业、报销企业、纳税人共同加入一条联盟链，每个节点都有唯一的身份标识，同时可将发票流转信息上链。区块链电子发票与传统发票的对比见表 12-1。

表 12-1 区块链电子发票与传统发票的对比

传统发票的特点	区块链发票的特点
票种核定开通手续麻烦	不收费
需要税控盘	不需要税控盘和专用设备
抄报税复杂不易学	不需要抄报税
往返税局领购费时费力	不需要领票
票量不够，常常超限量申请	按需要供给，不需要超限量
多个门店需要多个税控设备	ERP 自动报销，不受门店数量限制

区块链技术具有隐私保护、可信流转、使用留痕、高并发性、可多方参与等特点，利用这些特性可以帮助财政电子票据在业务监管和社会化流转应用方面解决相关症结。例如，区块链技术的应用为记录票据的开票、监制、打印甚至报销状态、时间和轨迹提供了新的解决方案，让有权限的单位或个人可根据票据的关键要素，查询电子票据的所有信息和状态，不仅解决了数据共享的安全性问题，还利用区块链的公开透明、难以篡改与集体维护等特性，降低了信息不对称性，促成新的票据信息传输和信任机制。

3. 区块链技术选型的原则

按照“源头上链、授权使用、可信流转、智能监管”的业务管理模式，搭建财政电子票据区块链网络，建立财政电子票据社会化应用生态联盟，实现财政电子票据信息共享，推动财政电子票据在各领域的应用。

在前期试点应用时，具体原则如下：

- 应满足电子票据业务性能要求，适应短时间、高并发的开票需求；
- 应满足未来可能的政策调整导致的业务变更需求，业务应通过智能合约进行定义；
- 区块链平台应满足一定的扩展性，能够支持复杂的区块链网络结构；
- 所选的区块链平台应满足自主可控要求，不涉及知识产权风险。

4. 总体架构

财政电子票据区块链平台总体架构如图 12-6 所示。

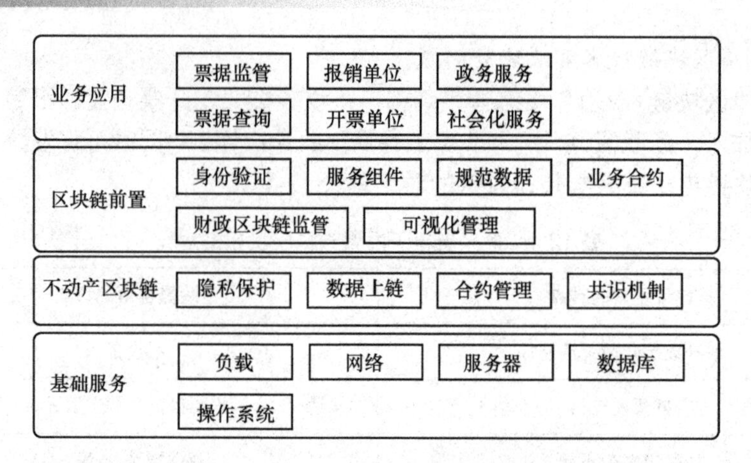

图 12-6 财政电子票据区块链平台总体架构

（1）业务应用层

充分复用现有包括财政电子票据系统等各方的现有业务系统建设成果，在现有系统基础上做必要的升级改造，通过相关区块链服务组件接入区块链，实现现有系统与区块链的功能对接。

（2）区块链前置层

减少上层业务系统层的开发难度，屏蔽底层区块链基础平台的技术障碍，确保业务系统层基于区块链环境的业务合约实现，避免重复开发造成资源浪费。

（3）不动产区块链层

提供区块链基础运行环境，包括区块链基础接口、合约引擎、证书服务、节点的共识机制及区块链账本管理等基础服务。

（4）基础服务层

基础服务层提供稳定的传输连接，整套系统都会对单节点服务进行负载配置，某一节点宕机后，保证整套服务可以继续完成业务。

5. 应用效果

利用区块链技术推广财政电子票据的应用，将技术优势落实到实际的业务工作中，充分发挥区块链在财政电子票据领域上促进数据共享、优化业务流程、降低运营成本、提升协同效率、建设可信体系等方面的应用效果。截至 2020 年 5 月底，我国某地区区块链财政电子票据已经在医疗、公益捐赠、教育领域实现了试点应用，共开具上链财政电子票据 64404 张。以医疗电子票据为例，市民在自助机上完成缴费后，即可通过手机上的微信小程序查看属于自己的医疗电子票据，并可实时追溯票据的应用流转轨迹。患者不仅节约了排队取票时间，也不再担心出现票据丢失、票据验真及无法报销等问题，患者就诊体验得到进一步提升。

另外，对于有保险报销需要的患者，基于区块链通过在线提交电子票据等材料，能够方便高效地完成商业医疗保险报销工作。保险公司利用区块链上电子票据的信息追溯，节省了投保人理赔时间，降低了保险公司理赔审核成本，有效提升了服务体验。

12.1.4 疫苗溯源平台

基于区块链的疫苗溯源平台可以为疫苗全程追溯提供坚实基础，实现疫苗信息难以篡改，保障疫苗信息真实有效。同时，用户可便捷查询疫苗的生产、物流等信息，实现信息多方共享。基于区块链的疫苗溯源平台解决方案如图12-7所示。

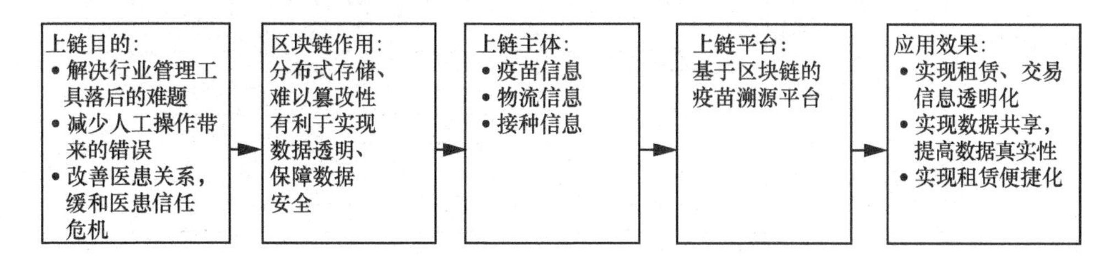

图12-7 基于区块链的疫苗溯源平台解决方案

1. 现有问题

随着医疗技术的快速发展，接种疫苗已经成为预防疾病的重要手段之一。疫苗的安全性和信息可追溯性是人们关注的重点。目前，疫苗供应链行业存在一些问题，如部分接种站没有信息化疫苗库存管理工具，疫苗库存管理通过人工登记，对账查询费时费力等。

2. 利用区块链技术解决现有问题

基于区块链技术搭建的医药追溯平台具备多方组网、灵活接入的能力，兼容多种形式的编码识别，采用多种方式追溯疫苗信息。运用区块链数据加密、联盟身份验证技术，既保护了行业敏感信息，又实现了疫苗数字化管理的探索。

因此，区块链技术加入疫苗溯源平台，将为平台带来许多优势。其一，实现实时温控，提供工业级的温控解决方案且安装实施简单易行，统一的平台管理保证每一支疫苗温度可控；其二，实现智能库存，疫苗出入库将进行人脸识别校验，保证信息全局掌握和疫苗全程安全存取；其三，实现安心接种，用户可便捷查询疫苗接种信息和溯源信息，实现信息透明化。

3. 区块链技术选型的原则

区块链技术的分布式存储特点和难以篡改性将为疫苗溯源平台助力。

（1）分布式存储

区块链是分布式存储账本，任一节点的损坏都不会导致数据的丢失，区块链仍然能够正常运行。因此，一切区块链上的数据，都将被完整地保存。疫苗信息存储在区块链上可以保证信息的完整性。

（2）难以篡改性

基于区块链的特点，所有被登记到区块链上的数据，是难以被篡改的。疫苗信息上链后可以保证数据的真实性。

4. 总体架构

疫苗溯源平台架构如图 12-8 所示，共有 6 层，从底向上分别为资源层、区块层、业务应用层、接口层、企业用户层及政府监管层，介绍如下。

图 12-8 疫苗溯源平台架构

- 资源层：包括云平台和大数据平台。
- 区块层：负责将各项业务数据上链，包括生产、物流、检验、疫苗和接种等信息，实现高效存储、多链协同、安全加密和身份认证。
- 业务应用层：包括生产厂商、物流、检验中心部分，接种中心部分及监控、数据服务部分。
- 接口层：负责连接用户和平台。
- 企业用户层：包括生产厂商、物流、检验中心和接种中心。
- 政府监管层：包括药品监督管理局、卫生健康委员会和中国疾病预防控制中心。

12.2 存证能力行业赋能

行业典型案例见表12-2。

表12-2 行业典型案例

类别	案例	存证项目	存证平台
民生	助力抗击新冠病毒疫情	民间自发团体捐助情况	防疫项目公益上链专栏
	浙江医疗票据电子化	医疗电子票据	浙江区块链电子票据平台
	北京顺义区用“区块链”解决棚改项目资金安全问题	文件、资料、签字及资金去向	棚改项目全生命周期智慧监管信息平台
司法	青海省区块链电子证据平台	各类电子证据	区块链电子证据平台
	广州互联网法院基于区块链技术的智慧信用生态系统	互联网金融类、网络服务类、网络著作权类电子证据	“网通法链”智慧信用生态系统
	北京互联网法院“天平链”电子证据系统	知识产权、金融服务、企业电商、司法服务、公益诉讼等电子证据	“天平链”区块链电子证据系统
金融	众安科技的应收账款通证和仓单通证	仓单通证、应收账款通证	众安科技区块链网络平台
	浙商银行区块链移动数字汇票	电子汇票	移动数字汇票平台
	上海票据交易所数字票据交易平台	数字票据	数字票据交易平台
供应链	中国网等基于区块链的“一带一路”可追溯商品数据库	商品信息	“一带一路”可追溯商品数据库

12.2.1 存证类民生应用

1. 助力抗击新冠病毒疫情

针对公益捐赠物资管理业务，部署公益物资管理联盟网络环境下的智能合约，实现公益物资管理的去中心、去信任和全程可追溯。开设防疫项目公益上链专栏，将民间自发团体捐助情况实时上链，联盟网络中的其他节点同步更新账本数据，实现从捐款、购买防疫用品、物资运送到接收物资全过程数据公开透明可追溯。

2. 浙江医疗票据电子化

2019年6月，由浙江省财政厅和支付宝发起，联合省大数据局、省卫健委、省医保局共同打造的全国首个区块链电子票据平台——浙江区块链电子票据平台正式上线，实现了零排队、无纸化就医。基于支付宝自主研发的蚂蚁区块链技术，将医疗票据电子化后，市民看病无须先去窗口排队付钱，通过支付宝即可一键挂号、付款、查看票据，所有信息通过“平台”流转。继台州试点后，首批覆盖浙江大学医学院附属第一医院、浙江大学医学院附属第二医院、浙江大学医学院附属邵逸夫医院等11家综合性医院，目前已覆盖全省100多家医院。

3. 北京顺义区用“区块链”解决棚改项目资金安全问题

北京顺义区住房和城乡建设委员会上线“棚改项目全生命周期智慧监管信息平台”，运用大数据、区块链技术让棚改项目更规范、更高效、更安全。该平台运用了区块链技术，对系统上传的文件、资料、签字及资金去向，都进行了原始记录，可信的时间戳记录可以用来证明数据的真实性，防止数据被篡改。这有效保障了棚改项目材料真实性、准确性，也让棚改更加公正透明，即便多年以后都有据可查。

12.2.2 存证类司法应用

1. 青海省区块链电子证据平台

青海省高级人民法院率先在西北地区试运行“区块链电子证据平台”。该平台由北京“中经天平”提供技术支持，由青海高院、中国科学院国家授时中心、中国信息协会法律分会、国家信息中心（中经网）、公安部第一研究所（中天峰）以及全国百家法院和中国司法大数据研究院等重要区块链节点组成，可改善法院的证据核验、电子证据存证、电子证据取证等工作流程，降低诉讼成本，提高法院审判效率。

2. 广州互联网法院基于区块链技术的智慧信用生态系统

2019年3月上线的“网通法链”电子证据系统以区块链底层系统为基础构建，链上的节点为法院、检察院、司法局、公证处、仲裁委等司法机构。在该系统试运行的一周内，存证数量超过26万条，其中涉及互联网金融类证据材料12万余条，网络购物、网络服务类证据材料10万余条，网络著作权类证据材料近3万条。在“网通法链”系统的建设过程中，广州互联网法院立足司法区块链技术，突破现有节点管理模式，精准构建了开放中立的数据存储基地。

3. 北京互联网法院“天平链”电子证据系统

北京互联网法院采用区块链系统，基于主动开放的规则，建立了多方共治的“天平链”电子证据系统，实现数据产生即上链、链上信息直通在线诉讼平台的创新服务模式。截至2019年7月，“天平链”共有18个节点单位、25家应用单位，涵盖知识产权、金融服务、企业电商、司法服务、公益诉讼等众多领域，在线证据采集数据超过540万条，实际关联证据数千万条。

12.2.3 存证类金融应用

1. 众安科技的应收账款通证和仓单通证

众安科技借助区块链技术，推出应收账款通证和仓单通证。仓单管理系统将仓库货物实体进行资产通证化数字化处理，生成仓单通证，将入库到出库的全过程状态数据自动上传区块链网络进行数据确权，并关联到仓单通证，实现可信、透明和可追溯的资产通证，为资产流通提供基础保障。应收账款通证可以自由地拆分流转，多层级的交易关系和信用信息对区块链网络的各个节点透明，从而实现了供应链上下游间的物流传递，使金融和保险可以轻松方便地进入物流生态。

2. 浙商银行区块链移动数字汇票

2017 年 1 月 3 日，浙商银行基于区块链技术的移动数字汇票产品正式上线并完成了首笔交易，标志着区块链技术在银行核心业务真正落地应用。浙商银行于 2016 年 12 月成功搭建基于区块链技术的移动数字汇票平台，为客户提供在移动客户端签发、签收、转让、买卖、兑付移动数字汇票的功能，并在区块链平台实现公开、安全的记账。区别于传统纸质与电子汇票，移动汇票采用区块链技术，以数字资产的方式进行存储、交易，在区块链系统内流通，不易丢失、难以被篡改，具有更强的安全性。此外，纸质汇票的电子化解决了防伪、流通、遗失等问题。

3. 上海票据交易所数字票据交易平台

2018 年 1 月 25 日，上海票据交易所成功上线并试运行数字票据交易平台。工商银行、中国银行、浦发银行和杭州银行在数字票据交易平台顺利完成基于区块链技术的数字票据签发、承兑、贴现和转贴现业务。数字票据交易平台实验性生产系统结合区块链技术和票据业务实际情况，构建了“链上确认，线下结算”的结算方式，为实现与支付系统的对接做好了准备，探索了区块链系统与中心化系统共同连接应用的可能。根据票据真实业务需求，建立了与票据交易系统一致的业务流程，并使数据统计、系统参数等内容与现行管理规则保持一致，为实验性生产系统业务功能的进一步拓展奠定了基础。该平台进一步加强了安全防护，采用 SM2 签名算法进行区块链数字签名。平台为参与的银行、企业分别定制了符合业务所需的密码学设备，包括高安全级别的加密机和智能卡，并提供了软件加密模块以提高开发效率。

12.2.4 存证类供应链管理应用

2019 年 1 月 21 日，由中国网“一带一路”网与中追溯源科技股份有限公司联合发起的“一带一路”可追溯商品数据库正式启动，数据库采用“三维 3D 码+区块链技术+RFID”三位一体的产品追溯系统网络平台，为每一件商品附上唯一的“身份证”，确保每一件商品都能实现来源可查、去向可追。

第13章

“区块链+数据共享”应用案例

区块链是分布式数据存储、点对点传输、共识机制、加密算法等计算机技术的新型集成创新技术，具有去中心化、难以篡改、难以伪造、可追溯、规则透明、多方共识等特点，可在不信任或弱信任环境下实现信息对称和价值传递，可有效解决对等机构间数据共享的诸多问题。

13.1 案例分析

区块链技术可被广泛应用于供应链管理、房屋租赁、政务数据共享等高可信数据共享场景。

1）供应链物流运输系统平台：基于区块链的供应链物流运输系统，发挥区块链技术在数据共享交换、数据安全性高和保密性强、数据可追溯等方面的优势，解决了供应链物流领域包括食品安全、疫苗溯源、药品和器件溯源等社会关注的重点问题。

2）房屋租赁平台：基于区块链的电子证照，多端应用发挥区块链技术在房屋数据共享交换、业务协同办理与电子存证存照等方面的优势，涉及多个政府部门和单位[1]。

3）政务数据共享平台：区块链技术与云计算、大数据、人工智能等新兴信息技术充分融合，解决了政务服务平台建设中面临的数据可信流动、共享、使用等问题，可有效支撑行政管理和行政服务方式的创新需求[2]。

4）公益慈善平台：区块链具有去中心化、P2P、分布式账本、时间戳、信息透明且难以篡改等优势，将区块链技术应用于公益领域，能够使公益慈善平台更加公开透明、各方信息趋于真实。同时，分布式账本有利于举证违法行为，去中心化将极大程度降低交易成本。

13.1.1 基于区块链的供应链物流运输系统

基于区块链的供应链物流运输系统解决方案如图13-1所示。

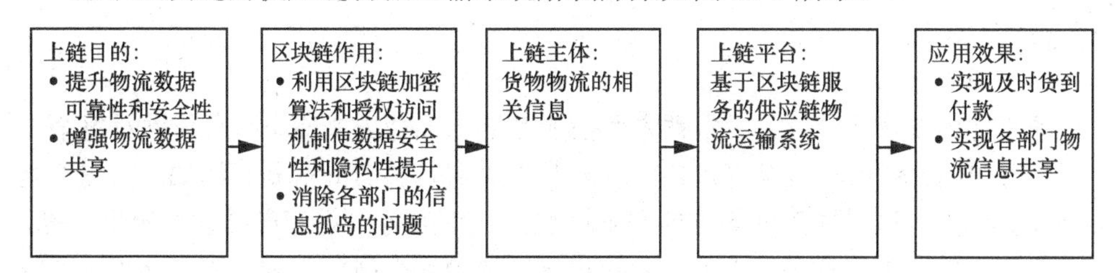

图13-1 基于区块链的供应链物流运输系统解决方案

1. 现有问题

- 各方的信息系统数据无法做到有效、可信地同步。
- 各方系统的数据都是各方独立管理，有被篡改的风险。
- 对于外部不法黑客的防护只能通过在系统的外部增加防火墙和安全设备实现，不能通过技术底层协议解决这类问题。
- 供应链物流报关流程复杂、业务场景面广、容易出现错误，影响企业进出口的效率。

2. 区块链技术对现有问题的解决方案

区块链技术的出现进一步从协议层为供应链管理的痛点问题提供解决方案。区块链中联盟各方都持有账本数据，并且数据的增加、修改、删除等动作都必须执行各方共同制定的智能合约，达成共识后才能将数据记入账本。账本数据存储在联盟各方，这种方式很好地保证了数据的高可靠性，任意一方数据的丢失和损坏都不会造成太大的影响，可以快速从其他方恢复数据。另外，这种技术架构也可以保证任意一方都不能私自对数据进行变更，所以和各方相关的权利义务都可以通过智能合约来保障，有效地解决了公平、安全的问题。

3. 区块链技术选型的原则

（1）可追溯性

可追溯性是区块链的特点，也是供应链行业的需求和痛点。区块链系统由于数据难以篡改，并且数据存储在联盟各方，过程中产生的数据可以实时获取、精准定位和追溯。区块链中记录的数据包括产品原料产地、生产厂商、包装和加工、运输企业、销售地点等，这些信息在区块链系统中可以快速地获取，对应急处理社会公共事件有很大的帮助。

（2）难以篡改性

一方面，传统系统中的数据经常会遭到黑客攻击，被篡改的数据对业务会造成很大的影响，企业的品牌影响力也会下降；另一方面，系统内部存在数据由于管理不善而遭到窃取和修改的风险。而这些风险从技术层面无法完全规避，需要额外的管理成本来解决此类问题。区块链技术可通过数字签名、加密算法、分布式存储等技术，有效地从协议层面解决数据被篡改的问题，极大增加了篡改难度和成本，保障了数据的难以篡改性。

（3）透明性

透明性体现在多个方面，数据方面由所有链上商业方共有，所有数据对每个节点都是透明的，任何一方都可以实时获取数据并进行核查和分析。例如，供应链金融上的金融机构可以看到业务方的回款情况，经销商可以看到产品的质检报告等，这些特性会极大提高业务商业互信，加快链上物流和金融的流通效率。此外，透明性还体现在智能合约上，供应链上的智能合约由商业各方共同制定，内容和各方的利益息息相关，它们利用智能合约代替传统的契约和合同，让它不以其中一方或者多方的意志为转移，达到公平的效果。

4. 总体架构

供应链物流运输系统架构如图 13-2 所示，具体实施流程如下。

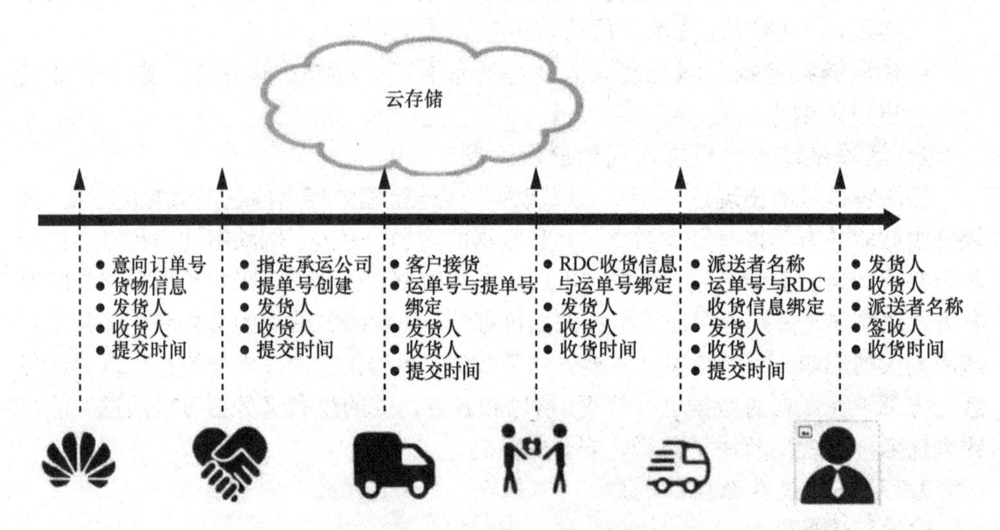

图 13-2　供应链物流运输系统架构

1）将各业务参与方，包括制造商、物流承运商、干线运输商、末端派送商、客户，组成一个联盟。各方利用区块链平台，以适当的手段激励各个节点进行数据记录。业务发生时数据多方同时确认并提供数据记录。

2）运用区块链技术，定义各方所需要上传区块链的信息，将运单号与货物信息绑定，并依次与下游或下级合作伙伴确定要通过区块链共享的信息。

3）分包商根据运单号绑定，以运单号串起货物的整个物流过程，整体打通承运商、干线运输商、区域配送中心（Regional Distribution Center，RDC）、末端派送等各参与方原本孤立的信息系统，便于各参与方的流转信息及时上传区块链。同时，开发供各参与方使用的应用程序，并向参与方分配账号。各参与方通过登录账号扫描单号，确认货物的当前责任承担方。账户通过账号授权管理，只有指定账户才能发起地址变更，从而实现客户地址变更管理。账户通过应用程序确认接收，等同于该账户所有人签字接收，账号所有人可通过账号授权他人代签。

4）物流过程中的各方追溯信息被追踪记录在区块链上，实现及时货到付款（Payment on Delivery，PoD），区块链上信息真实有效、难以篡改，便于精确追溯与责任界定，防止货物无故丢失。

5）调用后台管理系统，Web 端可视化展示物流过程，实现电子化管理，纸质单据作为参考。

6）实现物流过程中承运商、干线运输商、末端派送各级分包商等各参与方的客户身份识别及管理，可对其进行相应的评级与打分。

7）区块链加密算法和授权访问机制增强数据安全性。

5. 应用效果

基于区块链的供应链物流运输系统解决方案解决了传统供应链物流系统中存在的问题。例如，基站和服务器需要通过物流发送给客户，整个物流过程存在诸多管理问题，如物流过程参与方众多、流程复杂，各参与方分别使用不同的信息和物流管理软件，导致数据无法共享等。基于区块链的供应链物流运输系统实现了从协议层解决问题、物流数据实时共享、供应商和客户之间流畅沟通及信息共享。

6. 启发与思考

目前，在供应链行业应用区块链技术仍然面临许多问题与挑战，需要不断探索实践、总结经验教训、摸索新的解决方案。在协议层，区块链技术可保证数据的可靠、可信，同时加快信息流动和数据共享，提高业务效率。在业务层，区块链技术可与供应链场景、金融场景等深度结合，有效解决商品数据的溯源、物流信息的追踪和上下游企业的融资问题，在跨境场景可利用数据共享能力提高通关效率、减少货物积压时间，支付场景可以利用区块链来完成商业企业间的自动支付和跨境支付等工作，提高资金的流动效率，降低资金清算成本。

13.1.2 基于区块链的房屋租赁平台

基于区块链的房屋租赁平台解决方案如图 13-3 所示。

1. 现有问题

近年来，我国大力推进住房租赁市场发展，以促进我国住房市场“租购并举”。住房租赁市场广阔，多家互联网机构和不少知名房地产企业进入住房租赁市场。

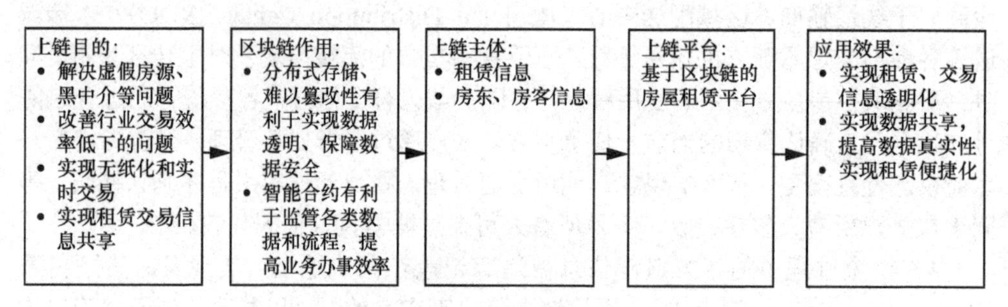

图 13-3　基于区块链的房屋租赁平台解决方案

目前，租房场景中的核心问题是如何确定“真人、真房、真住”。租赁市场面临的问题可以概括为以下 4 点。

1）房源：房源虚假，传统的住房租赁市场中，市场参与者良莠不齐，虚假房源普遍存在。

2）平台：信息不共享，房源信息在市场化交易平台之间无法有效地实现共享。

3）房客：租房难，不同的平台之间缺乏良好的信息同步机制，“一房多租”等欺诈行为时有发生。

4）维权：流程繁杂，由于租赁交易的参与者地位不对称，房客的权利无法得到有效保证，出现侵权问题后，房客维权难。

2. 区块链技术对现有问题的解决方案

在租房领域，存在大量虚假房源，中介、房客和房东之间缺乏信任，行业交易效率低下。通过区块链记录的各种信息会完整、安全地存储在数据区块中，这实现了数据的公平与客观，避免房产交易过程中的欺诈行为。此外，可借助区块链技术实现无纸化和实时交易，从而提高效率，节约成本。

3. 区块链技术选型的原则

区块链技术的应用使房屋租赁平台具备如下特点。

（1）透明性

房东的个人信用、出租记录、房客评价、房客的个人信用、租房记录、对房东的评价也会记录在链上。同时，租售同权即租赁存证、租赁合同、转账信息等信息也会上链，租赁过程、结果透明公开，实现公平租赁；使用分布式账本来保证信息共享。

（2）安全性

区块链的核心优势之一就是信息透明、难以篡改，区块链技术的应用可实现对土地所有权、房契、留置权等信息的记录和追踪，并确保相关文件的准确性和可核查性。

（3）便捷性

租房各个环节的信息会记录在区块链上，每个流程都会进行相互验证，房客不必再担心遇到假房东、租到假房子，实现“让群众少跑腿、少烦心、多顺心”，让群众办事“只跑一次”。

4. 总体架构

区块链的技术模型自下而上可分为数据层、网络层、共识层、激励层、合约层和应用层。房屋租赁场景应用总体架构如图 13-4 所示。

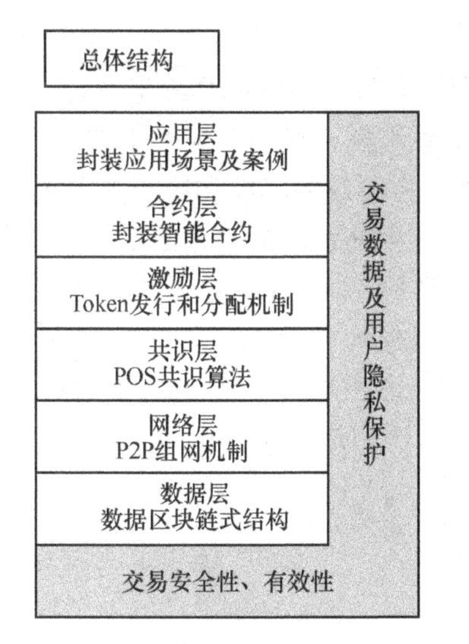

逻辑结构图

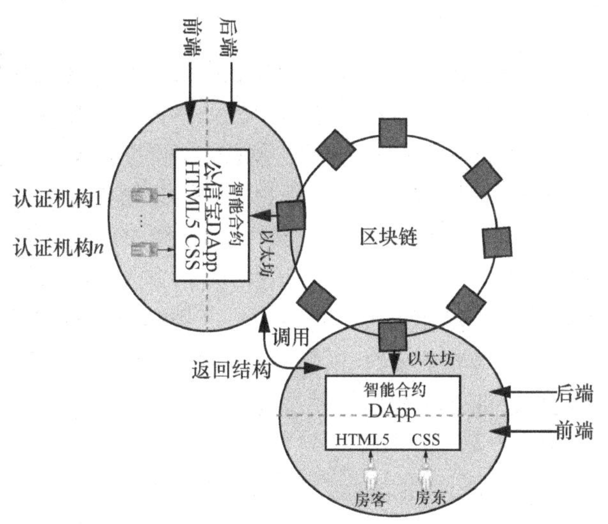

DApp架构：前端界面+智能合约

图 13-4 房屋租赁场景应用总体架构

数据层中以时间顺序封装了底层数据区块，这些数据区块以链式结构串联而成，后续区块记录前一区块的哈希值（pre hash），并结合自身交易数据和时间数据，形成新的哈希值传递给下一区块；网络层中包括 P2P 组网机制；共识层包括各类共识机制算法，本方案中采用权益证明（Proof of Stake）；合约层封装智能合约是区块链可编程特性的基础；应用层封装了区块链的各种应用场景和案例。分布式应用程序（DApp）位于应用层。

DApp 由在区块链上存储数据的一组智能合约组成，其实质是“前端界面+智能合约”，用友好的界面在用户与智能合约之间搭起桥梁。

DApp 继承了传统 App 的特点并结合了区块链的特点。DApp 区别于 App 最大的特点就是去中心化。区块链网络中，分布式应用程序的数据加密后存储在公开的区块链上，不需要请求某个中心化的服务器来获取、处理数据，避免了中心化数据库被攻击带来的安全隐患。在分布式应用程序中，用户拥有自己数据的所有权。

5. 应用效果

目前，基于区块链技术的房屋租赁系统以及房屋租赁系统的内部管理平台和面向大众的公开租赁系统都已经成熟，如内部管理平台“1+1+1”的房屋租赁平台管理模式主要由三大子平台构成，包括租房租赁管理平台、诚信积分系统、区块链租房应用平台，可以保证真房、真人、真住。诸多房屋租赁企业推出了基于区块链的房屋租赁系统，在国内外都有良好的实践和应用。

6. 启发与思考

区块链技术在房屋租赁行业中的应用是在区块链 3.0 阶段做出的具体尝试。区块链技术可有效解决房屋租赁行业中介信用缺失、信息泄露、供需匹配效率偏低、交易成本过高等问题。虽然区块链技术的加入使房屋租赁系统的功能和应用效果大幅提升，但是仍然面临许多挑战：区块链对于百万级应用而言，数据存储量较小、成本较高，当应用体量增大时，可以考虑引入星际文件系统。该系统是一种分布式存储方案，将数据存储在节点中并生成哈希值，最后将此哈希值写入区块链中存储；平台的宣传需要投入一定成本；区块链对于大部分人来说还是一个比较新的概念，行为习惯转变需要时间。尽管面临这些挑战，但不可否认的是，区块链必定会为房屋租赁行业带来颠覆性的改变。

13.1.3 基于区块链的政务数据共享平台

区块链技术与云计算、大数据、人工智能等新兴信息技术充分融合，用以解决政务服务平台建设中面临的数据可信流动、共享、使用等问题，区块链技术拥有不可替代的优势，可以有效支撑行政管理和行政服务方式的创新需求。基于区块链的政务数据共享平台解决方案如图 13-5 所示。

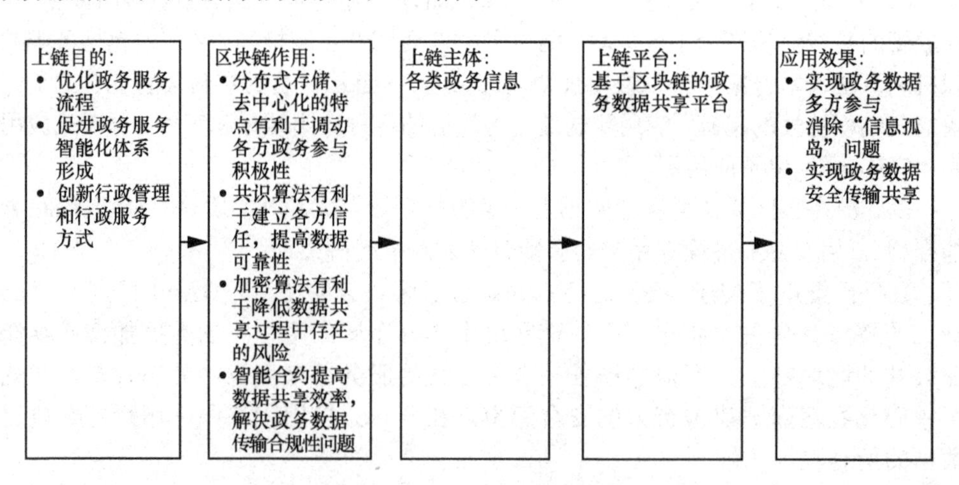

图 13-5 基于区块链的政务数据共享平台解决方案

1. 现有问题

传统的集中式政务数据共享方案存在诸多痛点。

1）基于传统模式的电子政务数据交换共享系统采取中心化服务模式，数据一般由大数据局等特定政府机构集中管理，不利于政务数据高效开放共享。

2）政府数据共享交换过程中存在安全风险，导致各部门在数据共享过程中有很大顾虑。除了非法恶意行为之外，传统模式下加密技术不完善，缺乏一致性的身份认证技术、访问控制技术、实时的评估机制和审计追溯机制，这些问题都会引发重要数据泄露或者流失。

3）共享平台下，访问主体身份认证、数据传输加密、访问授权控制、数据可信安全、访问行为审计追溯等功能需要集成多种技术，系统组网对接困难，复杂度大大提高，系统性能和可靠性受到很大影响。

4）目前政府机构层级多、部门关系复杂，难以有效开放共享。

2. 基于区块链的政务数据共享平台的价值

区块链技术适合解决政务数据共享与开放中的互信、隐私数据保护、数据安全访问、数据交换的时效性、可追溯性、可审计、身份认证、访问权限控制等问题，其降低系统复杂度，提高业务可靠性，并推动政府数据共享方式不断完善。

3. 区块链技术选型的原则

基于区块链的政务数据共享平台应具有如下特点。

1）政务区块链具有多中心参与、多中心治理的特性，参与者共同维护区块链分布式账本。要想改变传统的政务数据共享平台中大数据中心对数据绝对控制的现状，应调动政务区块链参与方的积极性，促进政府部门之间的横向合作。

2）使用共识算法建立各方信任，形成区块链参与者间数据共享的信任基础，提高参与者数据的安全可靠，促进政府部门间数据共享以及政府数据向社会开放。

3）使用加密算法有效地降低数据共享过程中的安全风险，国密非对称加密技术保证了数据在部门传输过程中的安全性和准确性，并且满足合规性要求。

4）利用智能合约满足各参与部门业务要求和处理政务事项规则，提高数据共享效率，解决政务数据在互联网上共享传输合规性问题。基于智能合约实现的身份认证机制和访问控制机制，可以解决传统政务数据共享系统中身份认证困难、访问控制体系复杂、重复建设、难以互联互通的问题。

4. 总体架构

区块链政务数据共享平台一般采用联盟区块链技术结合私有链，针对政务数据共享开放的不同使用场景，解决共享开放中参与者身份认证、用户隐私保护、访问控制、数据传输加密、智能合约管理、操作追溯审计等问题。基于区块链的政务数据共享平台总体架构如图13-6所示，主要包括平台层、服务层、应用层和用户层。

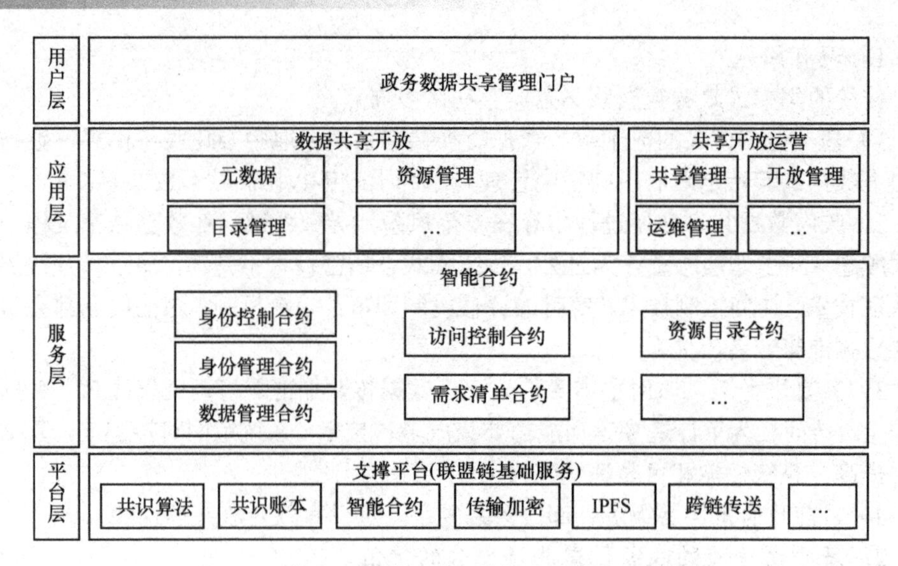

图 13-6　基于区块链的政务数据共享平台总体架构

（1）平台层

平台层主要包括共识机制、智能合约、数据存储、加密技术等联盟链基础服务能力；在政务数据共享中，应当遵循相关法律法规，采用国密算法；原始共享数据可以存储于 IPFS 等集群中，政务链上的智能合约存储共享数据的哈希指纹等信息。

（2）服务层

服务层也被称为“合约层”，可以看作智能合约的静态数据库，封装了所有智能合约调用、执行、通信规则。

（3）应用层

应用层封装了各种应用，包括共享管理、资源管理、运行监控等。

（4）用户层

公开面向用户使用。

5. 应用效果

基于区块链的政务数据共享平台实现了政务部门数据共享与资产目录动态更新，建立了基于区块链的公共数据共享管理机制；实现了政务数据共享的目标：打通了政务“数据孤岛”，使各类政府部门建立强信任关系，实现了政务数据共享和政务业务高效协同；实现了数据流通可全程追踪审计，厘清部门权责；支持政务数据全生命周期管控，实现了有效的政务数据监管。

基于区块链技术的共享系统将各部门在线连接，基于智能合约技术实现政务信息上传下达的自动化、实时化，同时加快信息流动、实现不同系统之间的互联互通、数据共享，达到政府监管之下政务服务的自动化与智能化的效果，同时为未来企业和社会数据的接入及共享服务提供更好的技术基础。

6. 启发与思考

我国行政管理改革在不断深化，要求能够从技术上支撑政务数据更加有效广泛共享，满足行政改革的需求。目前政府机构层级多、部门关系复杂，数据普遍被视为各部门的管理重点，难以有效开放共享。除了理顺政府职责，加强扁平化建设以外，应当采用技术手段将政府的相关部门、层级连接，使政务数据更加实时高效地交换共享。

我国电子政务系统的现代化改造与政府职能转变的改革创新是相辅相成的。现实中可以通过新技术的采用，反过来促进政府组织结构完善、工作流程优化，支持建设高效、廉洁、公正的政府。通过政务服务平台充分共享政府信息，以提供高质量政务服务、服务产业、提升城市精准治理水平、促进民生、加强群众有效监督等。

基于区块链的政务数据共享平台的去中心化模式也有利于调动公众、企业的积极性，使之更方便地共享利用各自的私有数据。这种技术平台更加开放，未来可以方便地吸纳公众、行业等社会主体加入共享网络，实现更广泛的数据共享。

13.1.4 基于区块链的公益慈善平台

区块链技术正被尝试应用于公益慈善平台。以往，对于公益慈善，公众可以选择捐款，但并不完全知道捐款将在何时给到受捐者，也不清楚每笔资金的确切去向和使用方式。区块链技术有望解决上述问题。基于区块链的公益慈善平台解决方案如图 13-7 所示。

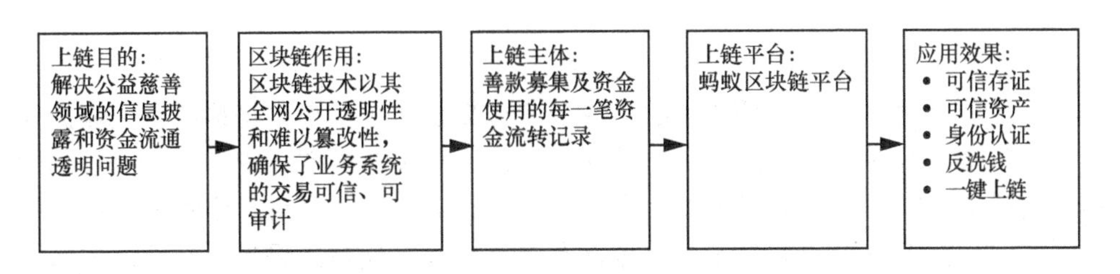

图 13-7 基于区块链的公益慈善平台解决方案

1. 现有问题

近年来，公益慈善领域发展迅猛，借助于互联网和各类社交平台，越来越多的普通人被吸引到公益事业中来。但是，在公益领域蓬勃发展的同时，诸多问题也逐渐显现，主要如下[3]。

（1）概念界定不清导致公益慈善泛滥

公益众筹是指通过互联网发布公益筹款项目并募集资金的众筹方式。但“互联网方式”一词过于宽泛，QQ群、微信群、微博等移动App和PC端网站都是互联网方式。此外，公益众筹的项目认定也较为模糊，如一些平台定义的公益众筹项目实际上是有实物回报的权益众筹项目，不应该将其视为公益众筹。

（2）公益慈善面临法律及道德风险

公益众筹平台作为中介平台，虽然声称会对求助项目予以严格审查，但在实际操作时，平台的人力和时间有限，往往很难一一审查。在公益众筹中，如果平台不对捐款的真实性进行实质性审查，一旦出现募集资金数额虚高、项目中存在虚假信息甚至诈捐的情况，平台可能要承担相应的风险；监管部门严令众筹平台不能自设资金池，因此一般平台都会声明善款的去向，但也有平台未作任何交代，善款有被挪作他用的风险；公益众筹中的某些模式还可能涉及非法集资，如某平台发起的大病互助项目，投资者健康时进行充值，生病后可获得保障金，事实上这种模式与保险类似，发起方需要具备保险的相关资质才能开展此类业务。

（3）公益慈善捐助信息不透明

公益慈善平台上的各类捐助项目往往能筹集到大量资金，但是捐助人很少能掌握到确切的资金信息，如筹集资金的具体去向、受助人信息、使用情况等。信息的不透明使公益慈善平台的公信力无法提升，近年来发生的滥用公益慈善捐款的事件也使公众对公益慈善的信任度持续降低。

2. 基于区块链的公益慈善平台的价值

针对公益领域存在的问题，结合区块链的特点——去中心化、P2P、分布式账本、时间戳、信息透明且难以篡改，将区块链技术运用于公益领域，将会有以下几个优势。

（1）公开透明促进各方信息趋于真实

区块链上的信息是公开透明的，各个节点都有查看权限。将捐赠方捐赠的善款信息记录在区块链上，善款到公益组织，转手再到受捐方手中。整个过程的信息是公开透明的，各个节点可以追溯善款是否落实到位。这在一定程度上激励了捐赠方、公益组织、受捐方3个主体行为更为合法、合规。因为一旦故意捏造虚假信息，出现不诚信的行为，就会在链上公开，所有用户都能被广播通知。这在无形中形成了一种公众监管的氛围，有助于促进各方规范行为，保证信息真实可靠。

（2）分布式账本利于违法行为举证

区块链最显著的特点就是其数据信息是记录在各个节点上的，每个节点都有一本账本，记录了区块链上的所有信息。即使其中某些节点被摧毁或者篡改，也不影响其他节点提供同样的数据信息。因此，将公益善款信息记录在区块链上，由分布式账本的特点保证了信息难以篡改，一旦发生违法行为，相关信息已被记录在各节点上，要追溯违法行为和违法主体，举证就变得简单可信。

（3）时间戳获得公众信任

区块链上的数据都是带有时间戳的，用户每一次操作的内容和时间都会在链上生成区块记录。时间戳的特点，使得用户可以查阅任何一位捐赠者的捐款时间、款项转移的时间，使得整个捐赠流程更具可信性。时间戳其实也是对捐赠善款一定程度的可视化，民众看得见，也就少了对腐败的忧虑。

（4）去中心化降低交易成本

基于区块链点对点的特点，在公益领域可以搭建一个不需要第三方组织作为中间方进行善款转移的区块链网络，而是让捐赠方和受捐方直接进行点对点的捐赠行为。如果建立起相应的区块链网络，可以让跨地区、跨国界的公益捐助更为简单便捷。

3. 区块链技术选型的原则

平台需要具有如下特点。

- 高性能及金融级稳定性：具体体现在共识算法、中间件性能、组件质量上。
- 工程化能力：表现在场景验证、研发支撑、部署、运维、治理上。
- 安全保证：通过成员证书管理、加密算法、隐私保护等实现。

4. 总体架构

蚂蚁区块链平台技术架构如图 13-8 所示，中国区块链技术和产业发展论坛制定的区块链参考架构功能视图如图 13-9 所示，对照两者可以发现，两者在核心层、服务层等关键组件上高度相似与兼容。这种平台型的系统能力通用、易于扩展、可支持丰富场景，甚至可像云服务那样提供对外输出能力，故在很多地方也被称作区块链即服务（BaaS）平台。

在最下层，蚂蚁金融云为区块链平台提供了运行时环境及组网、通信、存储、事务管理等诸多中间件。中间的核心层封装了区块链的核心组件，并通过开放接口对外提供服务。考虑到对金融或泛金融领域的业务支撑，在蚂蚁区块链平台中，特别预留了审计及隐私保护等功能模块。同时，与支付宝现有系统进行整合，复用了相对成熟的账户体系、反洗钱监控等既有组件，形成系统合力。再往上，从平台能力的视角出发，抽象形成 5 类能力：可信存证、可信资产、一键上链、身份认证和反洗钱。

在部署层面，蚂蚁区块链主要在公有云上部署。针对某些对系统隔离度、数据使用范围、监管合规性等方面有特定要求的业务，蚂蚁区块链也支持在私有云上部署。业务主导者通过成员管理，也可将监管机构纳入，作为系统中的运行节点，并对数据访问的权限做精细化控制。

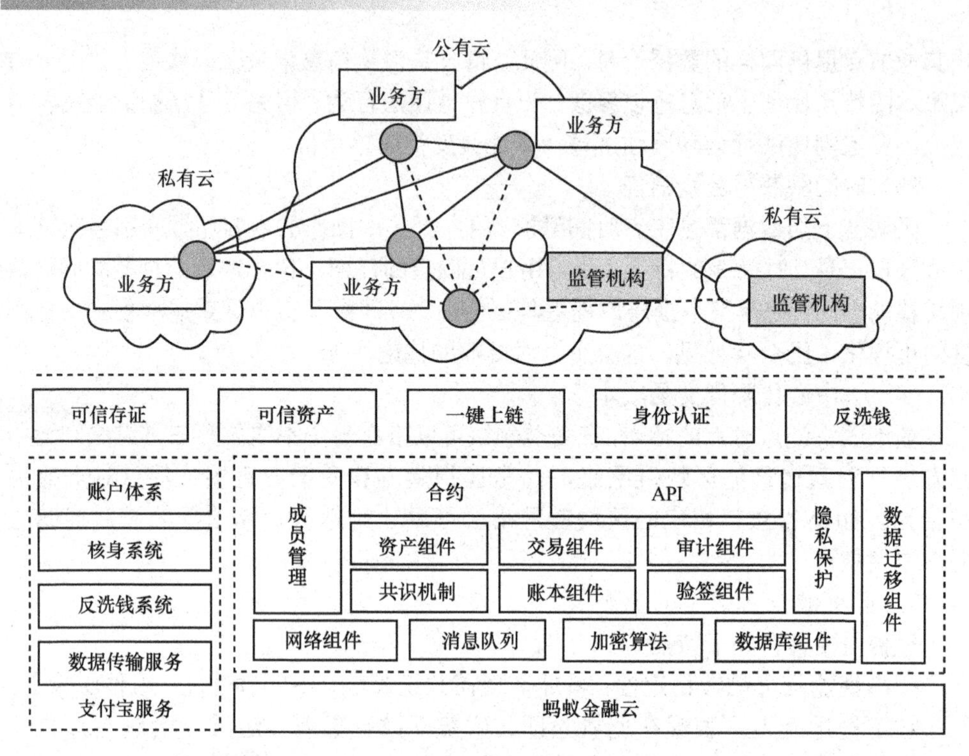

图 13-8 蚂蚁区块链平台技术架构

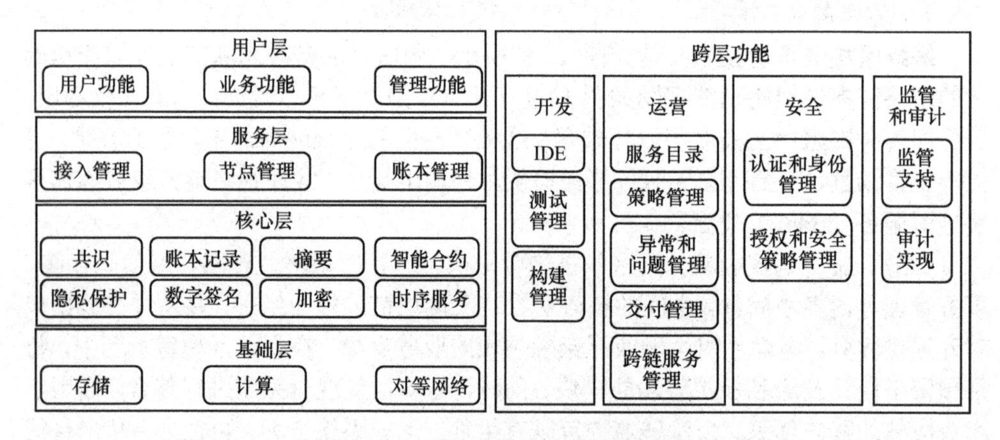

图 13-9 区块链参考架构功能视图

5. 应用效果

区块链是一项新技术，现在行业中鲜有成熟的应用，其本身也有性能、隐私保护、安全等诸多问题需要解决，所以不适合马上应用于安全要求高的领域，而应首先在一些风险相对低的领域进行充分验证。蚂蚁金服在实践过程中，选择了公益这个场景，资金上链前和上链后的对比如图 13-10 所示。

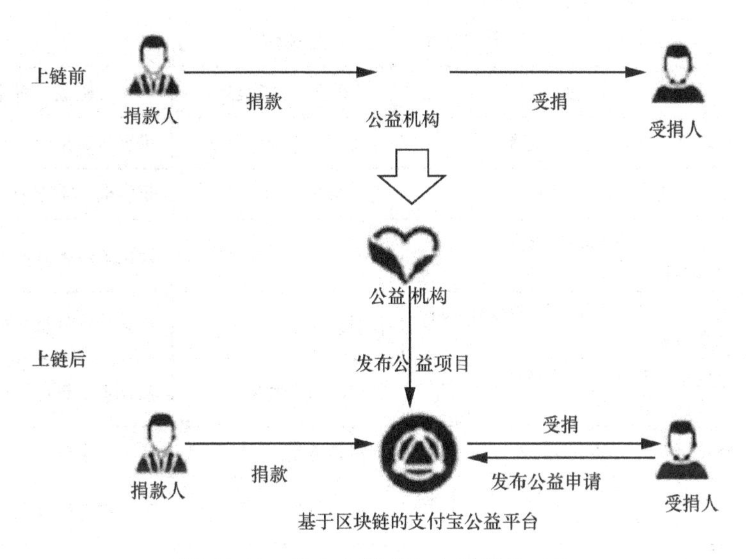

图 13-10 资金上链前和上链后的对比

业务模式层面，在改造前，善款募集及资金使用以公益平台信用为背书，用户难以追踪资金去向，公众监督也就无从谈起。改造后，全业务链路的每一笔资金流转记录均被记录到区块链平台，分布式存储的数据在进行必要的隐私保护后，对公益平台、公益机构、捐款人、受捐人公开，并且难以篡改，达到了非常高的公信力。

这项实践已经不再停留于实验室验证阶段，从2016年下半年开始，"听障儿童重获新声""和再障说分手""为贫困孩子送保障"等多项区块链公益项目已经上线，合作的机构包括壹基金、中华社会救助基金会、红十字会、中华少儿慈善救助基金会等多家NGO（非政府组织）机构，得到了广泛好评。

6. *启发与思考*

区块链技术的应用，增强了业务系统交易的可信、可审计、透明和隐私保护等。但当前区块链在技术成熟度和业务成熟度方面还需要更长久的发展。

区块链其技术本身不是变革，其背后代表的透明、协作、分享的模式和精神才是变革。我们应将区块链蕴含的精神应用于与用户切身相关的场景中，适当改变现有的一些模式，为用户带来切实的价值。

13.2 数据共享能力行业赋能

行业典型案例见表13-1。

表 13-1　行业典型案例

类别	案例	数据共享项目	数据共享平台
政务	区块链技术加注房屋租赁平台	租赁相关信息	房屋租赁平台
	新疆电力试点区块链技术	电力数据	新疆电力基础公共服务平台
	广东住房公积金统一接入全国数据平台	住房公积金数据	公积金数据共享平台
	贵阳清镇市运用区块链技术实现"身份链"	各类政务数据	社会治理信息平台
金融	金股链基于布比区块链平台的私人股权登记转让平台	股权、债券数据	私人股权登记转让平台
	新能源资产上链发行清结算平台	清结算数据	清结算平台
	浙商银行上海分行解决应收账款登记、确权等难题	收账款信息、融资信息	应收款链平台
公益慈善	众托帮成立公益互助平台	捐助款项信息	公益互助平台

13.2.1　数据共享类政务应用

1. 区块链技术加注房屋租赁平台

Rentberry 成立于 2015 年，是全球首批将区块链应用于房屋租赁行业的公司之一。目前用户数已超 12 万，有 22.4 万房源项目。平台帮助用户节省数百万的租房押金，公司主要通过区块链技术在房客和房东之间建立智能合约，保证信息真实，消除中间经纪人的存在。

2. 新疆电力试点区块链技术

2020 年年初，国网新疆电力积极争取总部区块链应用试点建设，牵头开展区块链技术在数据管理、新能源云及线上产业链金融 3 个方面的创新应用。自 2020 年 4 月以来，国网新疆电力积极组织国网信通产业集团亿力科技区块链技术专业团队开展数据管理区块链试点建设工作，基于国家电网公司区块链基础公共服务平台，将区块链、同态加密、可信计算等技术结合，可实现在无须解密隐私数据的情况下直接用密文进行数据处理和安全计算，实现敏感数据的授信访问、安全共享、合并计算，并通过堆栈从链提供存证取证等服务，构建数据使用方、数据提供方、数据服务方的多方信任体系，促进电网数据的开放共享、安全合规，解决敏感数据在数据共享上的“存、管、用”难题。

3. 广东住房公积金统一接入全国数据平台[4]

广东住房公积金统一接入全国数据平台正式开通后，广东成为全国首先接入数据平台的省份。全省 21 个城市住房公积金业务系统全部成功接入全国住房公积金数据平台，首日工作时段共上传了1.37亿条、总计27.67GB的公积金业务明细数据。全国公积金数据共享平台是区块链在数据共享方向的一个典型应用案例，住房和城乡建设部基于国产自主可控底层联盟链平台研发的“公积金数据共享平台”，快速连通全国近500个城市的公积金中心，每日有超过5000万条业务数据进行上链共识，实现了跨城市的公积金数据共享，极大方便了市民异地公积金存取及个税抵扣业务办理。

4. 贵阳清镇市运用区块链技术实现“身份链”

贵阳清镇市正在积极运用区块链技术实现农村基层治理智能化、数字化，清镇市将整合更广泛的数据来源，对原始数据运用智能合约进行模型计算与聚合，多维度、多角度覆盖清镇社会生活的各个方面，形成稳健的区块链体系，并将农民诚信数据逐步还原至基于“身份链”这一基础设施的虚拟数字世界之上，为基层社会治理探索一条新路径。

13.2.2 数据共享类金融应用

1. 金股链服务平台

金股链是建立在布比区块链平台上的股权登记转让服务平台，为投资人提供了高效、可信的资产流通环境和服务，实现对股权、债券的登记、认证、记录。金股链基于区块链技术多中心、分布式共享账本的特性，为私人股权交易市场提供了一个全新的技术和业务解决方案，保障私人股权交易转让的参与方公开、透明、共建、共享、共监督。

2. 新能源资产上链发行清结算平台

新能源资产上链发行清结算平台“新能链”，以光伏产业为切入点服务整个新能源行业，将区块链技术与新能源产业相结合，打造科技、金融、产业生态价值平台。新能链在光伏电站建设前期、中期、后期，利用区块链技术的可信、难以篡改、可追溯等特性，通过信息上链、认证上链、收入上链、交易上链，为资产的穿透性和再交易提供价值数据支撑。山东省潍坊市6.1MW工商业分布式光伏电站作为首批上链电站资产已完成交易。

3. 浙商银行上海分行解决应收账款登记、确权等难题

浙商银行基于供应链上下游打造的应收款链平台，运用区块链技术解决应收账款登记、确权等难题，把应收账款变为电子支付结算和融资工具，通过转化供应链核心企业的银行授信，帮助上下游中小企业盘活应收账款，解决民企融资难题。浙商银行已为1600多家供应链核心企业搭建应收款链平台，帮助其上下游的7000多家企业融通了1000多亿元资金，有效疏通了应收账款滞压的资金“堰塞湖”，把金融活水引向了广大中小企业。

13.2.3　数据共享类公益慈善领域应用

2016 年 3 月众托帮互助平台成立，同年 12 月 7 日上线了“心链”平台。“心链”是众托帮专门针对自己公益事业开发的产品，将用户所有捐赠金额、资金流向等信息记录在区块链上，让个人公益行为转化为“爱心数字资产”。

第 14 章
“区块链+监管”应用案例

区块链正在加速为金融监管赋能。央行、银保监会均提出支持区块链在数字监管和风险防控中的应用。区块链技术具有与金融监管天然融合的特性，能促进多方信任协作，同时实现全方位实时穿透式监管。

进入 2020 年，区块链赋能监管科技迎来新一轮政策驱动。央行金融科技委员会 2020 年第一次会议中指出，要强化监管科技应用实践，积极运用大数据、人工智能、云计算、区块链等技术加强数字监管能力建设，不断增强金融风险技防能力，提升监管专业性、统一性和穿透性。随后，央行、证监会、银保监会等部门在《关于金融支持粤港澳大湾区建设的意见》中表示，支持粤港澳大湾区内地研究区块链、大数据、人工智能等创新技术及其成熟应用在客户营销、风险防范和金融监管等方面的推广。

14.1 案例分析

14.1.1 基于区块链的食品药品防伪溯源监督管理平台

基于区块链的食品药品防伪溯源监督管理平台解决方案如图 14-1 所示。

通过区块链创新的技术手段可有效解决食品防伪溯源各个环节的难题，提升市场监管水平、提高市场监管效率，不仅为消费者的生活安全带来保障，长远来看也有利于企业产品竞争力的提升。

1. 现有问题

食品、药品行业的防伪溯源虽然得到了国家政策的大力支持，市场监督部门也投入了大量人力、物力并制定了相关政策法规和监管制度，但是食品、药品防伪溯源的发展还不完善。同时，行业内存在信任缺失和信任滥用问题，尤其是在缺乏有效监管且造假成本低的情况下，防伪溯源信息的拥有者容易为了追求利益而做出对溯源链条上的信息进行篡改的非法行为。

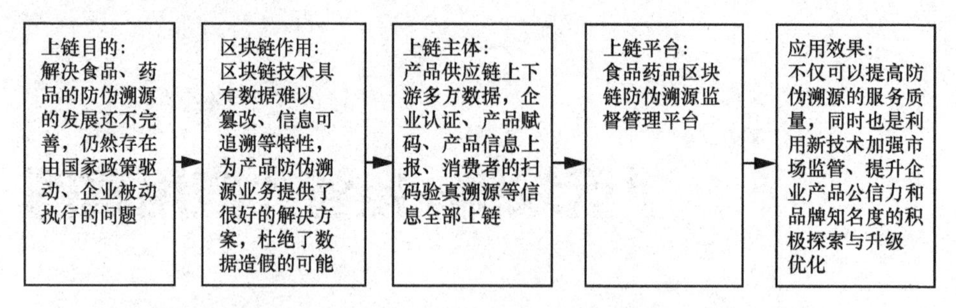

图 14-1 基于区块链的食品药品防伪溯源监督管理平台解决方案

2. 食品药品防伪溯源与区块链技术应用结合点

区块链技术由于其具有信息安全、数据难以篡改、信息可追溯等特性，从技术层面为产品防伪溯源业务提供了很好的解决方案。通过将先进的区块链技术应用到产品的防伪溯源业务中，不仅可以提高防伪溯源的服务质量，同时也是利用新技术加强市场监管、提升企业产品公信力和品牌知名度的一种积极探索与升级优化。

3. 设计和选型原则

以服务民生百姓的食品药品安全为宗旨，综合考虑政府相关部门的监管需求和企业实施业务的易用性等需求，基于区块链建设的防伪溯源监管平台将实现以下目标。

（1）为政府部门建立统一的企业认证平台

要形成行业或区域内权威性的防伪溯源体系，首先要实现对产品生产企业的认证与审核。企业通过平台提交企业资质等信息，由监管部门进行审核。认证通过的企业，其信息将在区块链网络同步存储，并为企业发放基于区块链的数字身份和数字证书。

（2）建设统一的区块链赋码平台

实现全面防伪溯源的技术基础是为每个产品分配唯一且难以篡改的识别码。利用区块链技术搭建统一赋码平台，为产品分配唯一识别码，并在区块链上进行分布式存储，真正做到“一物一码”。

（3）为企业提供溯源信息上报平台

在建立了统一区块链赋码平台的基础上，企业可按照批次为每个产品申请唯一的识别码，并使用防伪技术以条码、二维码、RFID 标签等方式印刷或粘贴在产品表面。以产品识别码为唯一凭证将产品的生产、物流、销售等数据统一上报到监管机构的信息平台，同时也可以上传产品质检报告等材料，所有信息利用区块链技术上链分布式保存，信息难以篡改、安全可追溯。

（4）为消费者提供防伪溯源服务

在企业上报产品完整供应链信息的基础上，消费者可通过微信、支付宝、手机浏览器等方式扫描产品外包装上的防伪识别码，在扫码后显示的页面中可查看产品的真伪信息以及产品从生产、配送到销售等各环节的信息；并且消费者每一次的扫码记录以及对商品的质量反馈和评价也可提交到平台网络进行上链保存，方便监管机构进行统计分析，上链保存的数据企业无法进行任何修改或删除。

（5）提供电话语音防伪溯源服务

消费者拨打电话并输入防伪码上的数字，通过语音播报的方式了解产品真伪和溯源信息。语音系统可对接政府监管部门的统一服务电话，也可以转接到企业专用的客服电话。

（6）为政府部门搭建防伪溯源监管分析和预警平台

企业认证审核、产品赋码信息、产品供应链信息以及消费者的扫码反馈信息等都在监管与分析平台进行汇总。通过多种数据分析手段和工具，以图形和报表的形式形成多维度、多粒度的分析报告，为政府监管部门提供科学的决策依据。如果消费者对某企业某批次产品反馈信息的负面率超过预警线，平台将发出预警信息，由政府主管单位对该批次产品进行质量核查等相关处理。

（7）建设公共防伪溯源服务专用App

提供手机App的防伪溯源门户平台，政府监管部门可通过App后台统一发布与防伪溯源相关的政策法规、新闻公告等。同时消费者也可以利用该App进行扫码验真，或者在App内输入产品识别码查询产品防伪溯源信息和发布产品反馈等。

（8）提供多种防伪标签技术

除了平台系统外，为了更好地配合实现防伪溯源，还可配备多种防伪标签技术。根据数据加密算法原理，将产品代号、生产批号、有效日期和其他变量数据进行加密运算处理，可以生成监管识别码，为防伪与物流管理建立“一物一码”区块链产品信息库，满足企业管理、质量监管等环节数字信息的共享，建立从生产商、物流、分销商到消费者的完备的防伪数字化监管方案。

- 双层防伪码技术：防伪码由上下两层构成，上层为条形码，可作为产品供应链识别码；下层为二维码，可作为专用防伪码。
- 涂层防伪码技术：防伪码为二维码，表面覆盖可刮开的涂层，二维码既是供应链识别码，也是防伪码。
- RFID标签技术：将识别码或防伪码通过加密程序写入RFID芯片中，RFID标签贴在产品包装上。

4. 总体架构

（1）主要业务流程

通过建立监管平台，搭建起企业与监管部门、企业与消费者之间的信息桥梁，让多方可以通过平台实现产品防伪溯源的完整闭环，主要业务流程如图 14-2 所示。

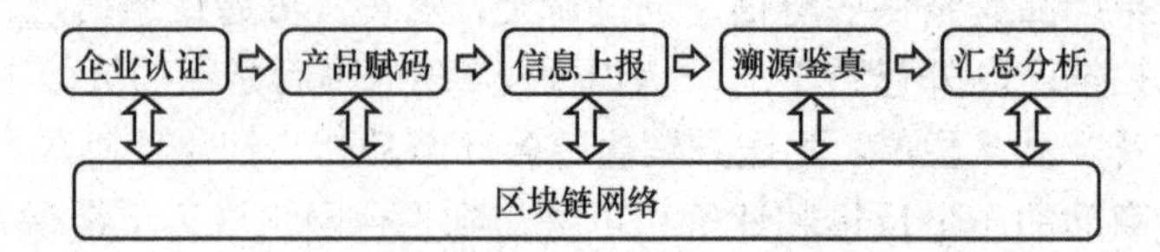

图 14-2　主要业务流程

从企业认证开始，到产品的统一赋码、产品供应链信息的上报、消费者的扫码验真溯源等信息全部通过区块链保存，监管部门能够从区块链取得完整的产品防伪溯源信息，信息难以篡改、安全可追溯。

（2）平台整体结构

结合以上建设目标和业务流程，平台整体结构如图 14-3 所示。

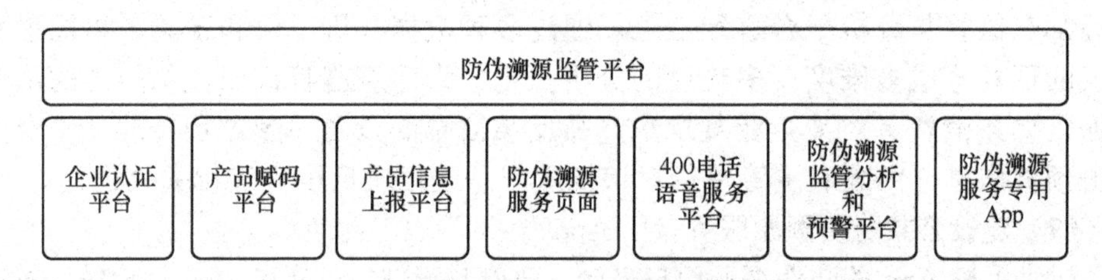

图 14-3　平台整体结构

（3）平台子系统说明

- 企业认证平台

企业认证平台由政府市场监管部门运营与管理，所有辖区内被监管的企业，都通过此平台统一提交上报企业信息等。企业数字身份证书在区块链网络中保存，全网唯一，便于政府监管。

企业认证平台各功能子系统包括：企业登记与变更，可由企业在政府主管部门提供的网页端自助登记信息，也可以在政务服务窗口提交资料后由工作人员办理登记或进行变更；企业认证与审核，企业信息登记后由主管部门工作人员对信息进行审核，审核不通过的由企业再次提交申请，审核通过后企业将享有监管部门发放的唯一区块链数字身份和数字证书；企业注销与激活管理，对于企业出现产品质量问题并由主管部门做出处理的，可在系统内将企业临时或永久注销，注销后的企业将无法使用平台服务，并在门户网站进行公示，后期企业进行整改并合规后可以重新激活，激活后即可继续使用平台的各项服务；企业信息查询，提供了按照行业、地区等多方位的企业信息查询服务。

- 产品赋码平台

产品赋码平台由政府市场监管部门运营与管理，所有认证企业可从此平台申请产品电子标签。每一个电子标签信息都在区块链网络分布式存储，确保全网唯一。

产品赋码平台各子系统包括：产品信息登记与变更，企业在申请产品电子标签前，需要定义维护企业的产品目录，登记产品的规格、型号、质量、颜色、保质期等；批次码管理，用于企业按批次管理产品的情况，企业首先登记产品批次的编号、生产日期、厂检编号等信息后申请批次电子标签，批次电子标签将在区块链网络内保存，数据难以篡改；产品码管理，企业可以为每个产品申请唯一识别码，申请后将区块链网络分布式保存，数据难以篡改；纸质标签管理，企业可在申请批次码或产品码后，委托平台运营方定制纸质标签或 RFID 标签，支付货款后标签直接配送到企业，可贴于产品外包装；支付结算管理，企业从平台购买电子标签码或者纸质标签码后，运营人员可以通过支付结算管理功能对资金的往来进行查询和对账。

• 产品信息上报平台

由政府监管部门提供给认证企业使用。认证企业在生产、配送、销售产品的各个环节，通过此平台上报产品检验报告、供应链信息等。上报信息通过已申请的产品或批次唯一识别码进行关联，方便后续的产品溯源跟踪与防伪鉴真。

信息上报可以采用数据接口、文件上传、手机 App 和专用终端等多种方式。若企业具备相对完善的供应链系统并可与本平台对接，则可将通过接口的方式进行数据上报；若可批量采集产品供应链信息，则可通过批量文件导入的方式上报；也可以使用市场监管部门提供的统一扫描 App 或专用终端，在供应链各环节通过扫描产品或批次二维码来上报数据。

产品信息上报平台各子系统功能包括：数据上报接口服务，用于对接企业内部业务系统，通过关联的产品或批次识别码，将产品的供应链信息传输到溯源平台；数据批量上传服务，用于通过文件（Excel）的方式，通过关联的产品或批次识别码，将产品的供应链信息传输到溯源平台；数据采集上报 App，利用由政府监管部门统一发布的手机 App，在产品供应链的各个环节，通过手机 App 扫描产品标签码的方式上传信息到溯源平台；数据采集终端，其功能与手机 App 类似，由政府监管部门统一下发，除了可以扫描产品包装上的标签外，还可以实现对 RFID 电子标签的扫描识别并上报数据。

• 防伪溯源服务页面

防伪溯源服务页面为消费者提供统一产品防伪溯源公共服务。

消费者扫描产品二维码后，根据产品唯一识别码在市场监管部门的统一数据平台中查询产品的质检报告和生产、运输、销售等各个环节的流通信息。由于每个环节的信息都在区块链网络保存，因此确保了数据难以被篡改。

服务页面也同时显示产品的真伪信息，每次消费者用微信、支付宝、手机浏览器等扫码后，平台都会记录扫码的地理位置、扫描时间等信息，消费者扫码后可以看到产品总共被扫描过的次数、生产信息、批次信息、厂检报告、物流信息等，进一步加强了产品的防伪性。

此外，消费者扫码后可在服务页面对产品进行评价和反馈产品质量意见，相关产品企业及质量监督机构可以查询保存在区块链网络中的评价和意见信息。

防伪溯源服务页面内容包括：产品防伪信息，是在服务页面展示的产品真伪信息；产品溯源信息，是在服务页面展示的产品的生产、配送、销售等各个环节的信息，还包括产品的产地、规格、生产日期、销售日期、保质期等；消费者投诉与建议，消费者可在服务页面对产品质量问题进行投诉或建议，投诉建议信息上传到溯源平台，客服人员可对其进行反馈和跟踪；产品推广信息，可在政府监管部门审核通过的情况下，展示企业产品推广与促销等信息。

- 电话语音服务平台

电话号码印刷在产品外包装上，可对接政府统一的语音电话服务平台，也可以转接到企业的客服平台。消费者可拨打产品包装上的电话，通过输入产品数字识别码来收听产品溯源和防伪信息。

电话语音服务平台的系统功能包括：防伪查询，消费者可以拨打防伪溯源标签上的电话，接通后根据语音提示输入标签上的数字识别码，系统语音播报产品真伪信息；溯源查询，与防伪查询类似，系统可语音播报产品的完整溯源信息；投诉举报，消费者可接通客服人员对产品进行举报投诉，客服人员在平台内记录消费者投诉举报的产品数字识别码，方便后续的跟踪。投诉举报的接待可由监管部门的运营人员负责，也可以进一步转接到企业的直接客服人员；咨询服务，消费者可拨打电话对产品使用过程中的问题进行相关咨询，咨询电话可转接到产品企业的客服人员。

- 防伪溯源监管分析和预警平台

防伪溯源监管分析平台和预警平台，充分利用大数据分析的手段，结合区块链技术，对平台上各类企业、产品、产品供应链、产品防伪信息、产品投诉与举报等信息进行综合分析，以图形和报表的形式形成多维度、多粒度的分析报告，政府监管部门可以追溯产品的检验报告、供应流通信息和消费者反馈信息等，为政府监管部门提供科学的决策依据。

监管部门可以在系统内设置监控预警阈值，当超过阈值后系统自动报警，将预警信息以电子邮件或手机短信的方式发送到相关负责人。后续由政府主管单位对该批次产品进行质量核查、消费者回访以及其他相关处理。

本平台的系统功能包括：产品溯源信息分析，通过多个维度的分析，统计产品的供应链数据、质检报告、质量认证信息，对消费者投诉和评价等信息进行图形展示和分析；产品质量信息分析，按照企业产品的区域、行业和品类等进行产品质量信息分析；产品质量信息预警，可针对产品投诉评价设置预警阈值，在某个企业或产品的投诉超过阈值后，系统以电子邮件和手机短信的方式通知相关负责人；问题产品追溯，对存在假冒伪劣的产品，实时汇总相关产品、企业和消费者信息，对产品质量追溯和问题解决进度进行跟踪。

• 防伪溯源服务专用 App

防伪溯源服务专用 App 是政府市场监管部门有关产品质量溯源防伪的权威移动门户，同时也是消费者查询产品防伪溯源信息的重要渠道。

系统各子系统功能包括：App 运营平台，提供对 App 内新闻通知等信息进行所见即所得的内容管理工具，同时可维护管理企业产品信息，对知名优质产品进行展示，对假冒伪劣产品和企业进行曝光；此外，运营平台也是处理用户投诉建议的管理后端；专用 App，消费者可以通过专用 App 进行产品质量防伪溯源查询、投诉举报、发表反馈、查看政策法规和伪劣产品曝光信息。

5. 启发与思考

随着人民生活水平的提高，社会大众对产品质量安全的要求也越来越高，国家及相关部门对此更是高度重视。区块链技术由于其信息安全、数据难以篡改、信息可追溯等特性，从技术层面为产品防伪溯源业务提供了很好的解决方案。通过产品供应链上下游多方数据的上链记账，保证了即使存在单方数据伪造的情况也难以在全部链上节点账本造假，从根本上杜绝了数据造假的可能。

关于产品质量的安全问题，尤其是食品、药品领域的质量安全，除了通过技术的改进来加强监管，更重要的是在政府、企业和消费者之间建立起一架"信任"的桥梁。

14.1.2 基于区块链的工程监理平台

基于区块链的国家级新区工程监理平台解决方案如图 14-4 所示。

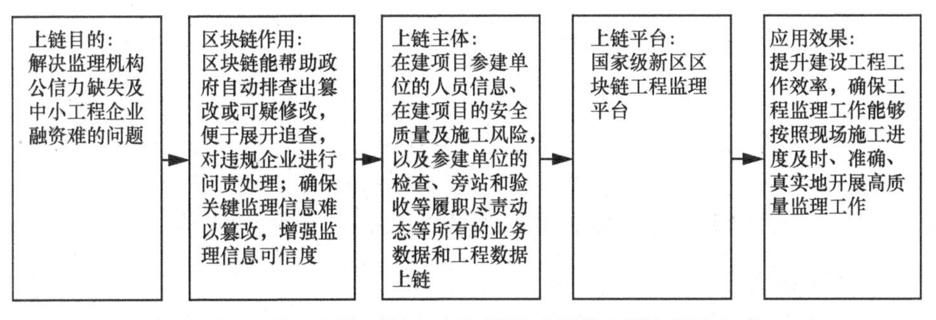

图 14-4 基于区块链的国家级新区工程监理平台解决方案

1. 现有问题

目前中小型企业的关键监理信息上传数据存在虚报、篡改等问题，政府的监理机构排查起来效率低下。

2. 中小型企业信息监理与区块链技术应用结合点

系统通过数据上链及智能合约等区块链功能，实现以下功能：能够随时随地在链上查阅在建项目参建单位的人员信息、在建项目的安全质量及施工风险，以及参建单位的检查、旁站和验收等履职尽责动态；定期或不定期地对现场管理通过智能合约自动生成周月季年等维度的分析报告，支撑决策管理。

通过区块链进行全流程的数据上链，每条记录有时间戳，保证时间节点难以篡改，上链操作人操作记录同步留痕，操作员上链可追溯，保证数据的可信任，为国家级新区工程建设提供安全支撑，从而实现创造“国家质量”的目标。

3. 设计和选型原则

确保工程监理工作能够按照现场施工进度及时、准确、真实地开展，积累完备、可信的建设期管理数据，提升工作效率，降低管理风险。

产品或服务主要面向工程中设计的各类参与主体，包括政府部门、设计单位、监理单位、施工单位、质监单位、安全质量保障单位等。

4. 总体架构

（1）主要业务应用技术

为了防止数据篡改，保证真实性，所有的业务数据和工程数据都会上传到区块链网络上进行存证，保证最高的可信度（后续还可配合物联网）。

（2）平台整体结构

基于区块链的国家级新区工程监理平台整体结构如图 14-5 所示。

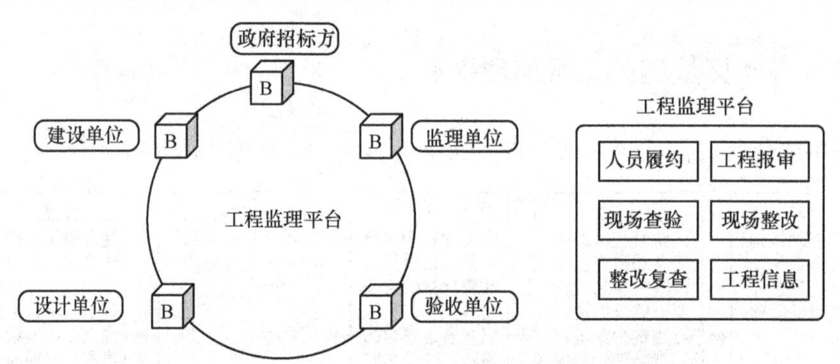

图 14-5　基于区块链的国家级新区工程监理平台整体结构

5. 应用效果

由业务工程系统对接多方机构获取数据并上链；每条记录有时间戳，保证时间节点难以篡改，上链操作人操作记录同步留痕，操作员上链可追溯；多参与方在平台上传数据，查阅数据，并逐渐累积真实的数据记录；政府部门可随时接入查阅工程相关事项并进行实时监管，区块链能帮助政府自动排查出篡改或可疑修改，出现异常时系统将对政府及相关机构发出警报，便于展开追查，对违规企业进行问责处理。

智能合约通过自动分发和清算上链的数据信息，保证施工进度和线上管理的实时更新和自动执行，减少人工成本，提高线上工作效率，确保数据和结果的真实性。

6. 启发与思考

区块链的数据加密、难以篡改、可证可溯的特点，解决了监理机构公信力缺失问题。将建筑材料报审表、监理记录表、质量控制记录检查表等关键信息上传系统并存链，实现信息的监管和溯源。

14.1.3 基于区块链的版权资产监管平台

基于区块链的版权资产管理解决方案如图 14-6 所示。

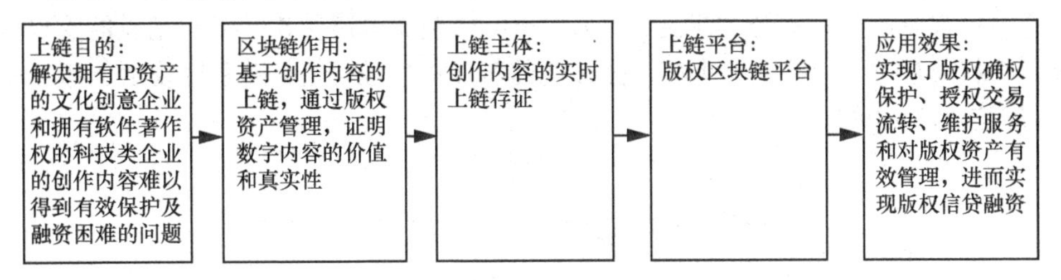

图 14-6 基于区块链的版权资产管理解决方案

1. 现有问题

目前我国中小企业有 4000 万家，占我国全部企业总数的 99%。然而，中小企业普遍存在融资困难的问题。其中，在文创和科技类企业中，此类现象更为明显，其中一个原因就是文创和科技类企业缺少可抵押的有形资产。另外文创企业的创作内容版权难以得到有效保护。因此，只有提高监管力度才能从根源上解决上述问题。

2. 版权资产监管与区块链技术应用结合点

1）互联网法院区块链系统：为了保证数据真实性，所有的业务数据都会上传到互联网法院区块链系统上进行存证。

2）非对称加密算法：一种密钥的保密方法，安全性高、管理方便、可防止假冒和抵赖，保证了链上数据的安全性和真实性。

3）跨链技术：区块链之间的互通技术，区块链向外拓展和连接的桥梁，实现外部数据同步到互联网法院区块链系统。

3. 设计和选型原则

版权公司搭建版权区块链联盟链，将创作内容写入区块链，通过接入互联网法院、版权监管机构、司法鉴定中心、公证处、国家授时中心和银行等机构，实现数据真实可靠，证明了内容的原创性，使得创作内容得到保护。

基于区块链技术，该系统实现了版权确权保护、授权交易流转、维护服务和对版权资产有效管理，进而实现版权信贷融资。

本方案基于版权内容的上链，保证了数字内容的真实性；通过版权资产管理平台，将版权内容资产化，通过版权质押平台和版权托管平台，实现了版权内容的价值认可和转化，银行通过查看透明、难以篡改的链上动态数据，增强了银行对中小企业的信任，根据质押版权内容的评估额度，对申请企业发放贷款。

本方案主要面向拥有IP资产的文化创意企业和拥有软件著作权的科技类企业。

4. 总体架构

通过版权区块链系统对接企业业务系统，将版权内容进行上链确权；通过版权监管系统对版权内容进行管理并资产化；由版权评估机构、律师事务所、会计师事务所对版权资产进行审计、评级、评估；中小微企业申请贷款并提交相应的版权内容至版权质押平台，经银行审核，在评估的额度内发放资金。基于区块链的版权资产监管实现路径如图14-7所示。

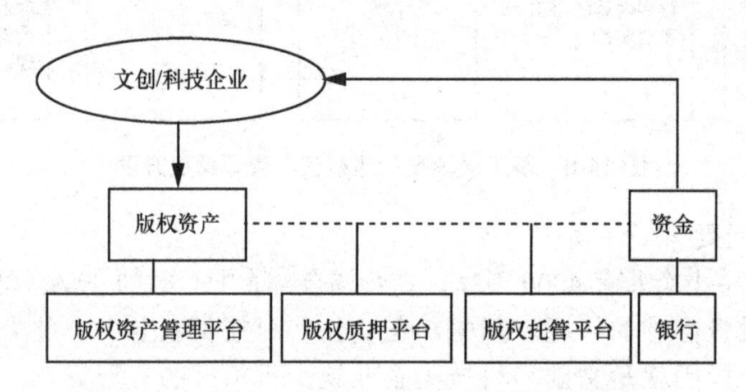

图 14-7　基于区块链的版权资产监管实现路径

5. 应用效果

本方案与深圳知识产权金融联盟、国任财产保险股份有限公司、平安银行股份有限公司合作，共同推动文创中小企业质押融资，并由保险公司再担保，拓宽融资渠道、降低融资成本。

2019年8月，银保监会、国家知识产权局、国家版权局发布关于进一步加强知识产权融资质押工作的通知，鼓励银行保险机构积极开展知识产权质押融资业务，支持具有发展潜力的创新型（科技型）企业。

我国很多城市高度重视版权金融创新工作，建立了版权、知识产权质押融资再担保机制、坏账补偿机制、风险补偿基金机制等相关机制，有效推动企业、金融机构等开展版权金融创新工作。

中小企业通过版权资产管理解决方案的实施，大大提高了企业的授信额度，另外，通过版权资产的管理和评估，明显提升了在贷款时可做抵押的有效资产。

6. 启发与思考

基于区块链的版权资产监管平台，数据难以篡改、可溯源，提高了中小企业财务报告真实性和透明度，可以大幅降低银行坏账率，解决了银行对中小企业信心不足、中小企业授信额度较低问题。

通过版权监管系统将版权资产化，证明了版权内容的真实性和价值，解决中小企业在贷款时有效资产不足、贷款抵押难的问题。

14.2 监管能力行业赋能

行业典型案例见表 14-1。

表 14-1 行业典型案例

类别	案例	监管项目	监管平台
民生	广东省佛山市禅城区开展“区块链+视力”项目工作	学生眼部健康数据	学生眼健康档案平台
	杭州西湖龙井茶叶溯源监管上链	茶产品信息	茶叶溯源监管平台
	浙江移动校园直饮水监管上链	设备维护数据、水质信息	移动校园直饮水监管平台
金融	广东省中小企业融资平台	融资数据	融资平台
	雄安专网区块链财务监管系统	财务信息	财务监管系统
	腾讯云运用区块链技术打造智能金融	融资数据	智能金融平台
供应链管理	福建光阳蛋业蛋鸡养殖基地利用区块链技术监管鸡苗数据	鸡苗数据	鸡苗监管平台
	山东省寿光市农业园区推广区块链监管系统	农产品信息	农产品监管系统
	佛山启动广东省首个“区块链+疫苗”项目	疫苗信息	疫苗安全管理平台

14.2.1 监管类民生应用

1. 广东省佛山市禅城区开展“区块链+视力”项目工作

佛山市禅城区教育局组织开展全区中小学生眼健康数字化管理暨“区块链+视力”项目工作，2019 年为区内逾百所中小学近 13 万名学生进行视力筛查并建立眼健康档案，实现儿童眼健康从筛查到治疗的全过程数字化管理。

2. 杭州西湖龙井茶叶溯源监管上链

龙井茶贵为“国茶”，却成商贩暴利天堂，产地之争、以次充好、古种流失，龙井茶正面临重重危机。区块链的难以篡改性保证茶产品源产地信息真实，伪劣产品在区块链监管系统中无信息存档，清晰可辨。对于西湖龙井，采集和记录其生产环境的关键要素，如茶园的空气土壤温湿度、光照强度等，根据关键要素进行产品分级，严格保证产品档次，提高商品可信度。对于茶叶生产企业，需要了解茶叶加工的流通情况，通过区块链技术获取的数据，能清晰可见产品离开茶树以后到茶厂的流程，从而保证茶的保质期，此外查询流程效率提高，茶叶新鲜程度再次提升。

3. 浙江移动校园直饮水监管上链

通过区块链的信息附带时间戳属性，工作人员自动收到更换设备的提醒，保障饮水设备的安全属性，每次作业数据均上传区块链中留证；强化直饮水水质监管，通过智能直饮水监控模块，打造智慧监管平台，将日常设备维护数据、水质信息上传区块链，增强监管力度；区块链数据透明化、公开化，所有操作流程有迹可循，保证主题责任人、直饮水水质、厂商设备、维护过程、资质证书等各类信息难以篡改，并由教育、卫生、学校、设备厂商各方进行实时查询，建立起校园饮用水的可信溯源机制，提升公众对校园直饮水的信任度；顺应政府关注重点，聚焦社会热点痛点，浙江移动实现了证书签发请求（Certificate Signing Request，CSR）在校园直饮水智慧项目的前置性植入。当前已完成杭州市 80 余所中小学的直饮水业务呈现，累计覆盖中小学 10 余万人，完成杭州 892 所学校的业务落地，并逐渐向全省、全国推广。

14.2.2 监管类金融应用

1. 广东省中小企业融资平台

2020 年 1 月 2 日，广东省中小企业融资平台正式上线，其是由广东省地方金融监督管理局和广东省政务服务数据管理局共同主导，基于区块链、人工智能、大数据等技术建设的智能化中小企业融资平台，通过“数字政府+金融科技”的深度融合，突破信息不对称、不准确、不充分等障碍，重点解决中小企业融资难、融资慢、融资贵等问题，为推动金融供给侧结构性改革、增强金融服务实体经济能力提供全面支撑。

2. 雄安专网区块链财务监管系统

对项目产生的各项费用及收入情况进行监管，同时对项目产生的所有资金流、信息流进行整合，将运营数据、交易数据、资金数据等上链存储，保证数据真实且难以篡改，且全程可追溯。

3. 腾讯云运用区块链技术打造智能金融

2019 年 3 月 12 日，腾讯云发布“自主可控金融业务支撑平台”。该平台运用人工智能、大数据、区块链等技术打造智能金融，助力业务改革与创新以及金融机构数字化升级。腾讯云区块链供应链金融仓单质押解决方案将腾讯云区块链技术与仓单质押融资场景充分融合，有效解决传统仓单质押融资过程中的身份信任、风险管控以及效率低下等问题，搭建一个能够快速担保、可信确认的融资平台，仓单质押融资借贷过程中的金融风险以及风控管理的难度都将有效降低，融资效率得以大幅提升。

14.2.3 监管类供应链管理应用

1. 福建光阳蛋业蛋鸡养殖基地利用区块链技术监管鸡苗数据

2018 年国家数字农业建设试点项目——福建光阳蛋业蛋鸡养殖基地，该基地利用物联网、区块链技术，完善“一品一码”追溯体系。从鸡苗开始的成长数据，通过设备采集传入云端，为消费者、监管部门和企业管理者提供准确可靠、难以篡改的完整闭合数据链和视频记录。

2. 山东省寿光市农业园区推广区块链监管系统

山东省寿光市 2019 年新规划建设的 18 个重点农业园区，全面推广区块链追溯系统，使每个大棚、每个园区都成为“绿色车间”“绿色工厂”，真正实现农产品源头可追溯、流向可跟踪、信息可查询、责任可追溯，由粗放分散发展向组织化、集约化发展转变。

3. 佛山启动广东省首个“区块链+疫苗”项目

2019 年 5 月 29 日，佛山市禅城区启动全省首个“区块链+疫苗”项目建设，打造“区块链+疫苗安全管理平台”。平台投入使用后，疫苗的流通全过程实现可视化监管，让疫苗更安全。市民可通过手机“掌上约”预约接种、实时查询，实现“少等待”“少跑腿”。

参考文献

[1] 广东住房公积金统一接入全国数据平台[EB]. 2019.
[2] 中国绿发会. 区块链在公益领域的创新应用[R]. 2020.
[3] 苏杰. 人人都是产品经理[M]. 北京：电子工业出版社, 2010.
[4] 安全客. 基于区块链的政务数据共享[R]. 2021.